決定版

雑木ガーデンの作り方

決定版
雑木ガーデンの作り方

Contents

※本書は株式会社 学研プラス発刊の「雑木の庭づくり」と「木漏れ日の美しいガーデン　雑木の庭づくり」をベースに新規取材を加えて再編集したものです。
※本書を参考に製作される際には、安全に十分留意のうえ、個人の責任で行ってください。

雑木ガーデンが人気の理由

雑木と呼ばれる樹木は、もともと里山で生えていたもの。
コナラ、ミズナラ、クヌギ、ヤマボウシなど
あるときは燃料となる炭に、あるときは家具小物づくりと
私たちの生活に役立ってきました。
もともとは私たちの身近にあった雑木ですが
今は、庭を彩る主役として活躍をしています。
春は、みずみずしい若葉がさわやかな風を送り
夏には、照りつける太陽から守ってくれる緑陰を作り
秋には、葉が赤やオレンジ、黄色などに色づき
冬は冬で、葉に隠れていた美しい樹形が姿をあらわします。
庭に雑木を植えることは、
四季折々の樹木の美しさに魅了されるとともに
私たちに遠い里山の記憶を呼び戻させることにもなります。
だからこそ、雑木の庭は私たちに感動を与えてくれるのです。

木漏れ日が美しい
雑木の庭

そよそよと風が通るたびに、木漏れ日もいろいろな形に姿を変えていきます。
木陰で遅いブランチを楽しんだり、お気に入りの本を読んだり
木漏れ日の下で過ごす時間は、いつもより贅沢な時間に感じられます。

バス通りの喧騒を感じさせないウォールと雑木に囲まれた庭

◆K・Sさん（神奈川県）

主木

ヤマモミジ、ヤマボウシ、コハウチワカエデ、モミジ'大盃'など

ヤマボウシ＋モミジ'大盃'

大らかに枝葉を広げる雑木と、四季折々の草花が、彩りと潤いに満ちた空間を演出。庭を回遊できるように園路を配置している

DATA

設計・施工／大宏園

庭の面積／約 200 ㎡

広めに取った石張りのエリアにL字型に組んだベンチを設置。上にはライトを取りつけた。ここで飲む、夕暮れ時のビールは格別

窓の前に配したハウチワカエデ。夏は日差しを遮り、冬は落葉して部屋に光を入れてくれる。薄いひらひらとした葉が美しい

自然石の石積みで 雑木の庭の世界観をキープ

きらきらとした落葉樹の葉が美しいＫ・Ｓさんの庭。たくさんのカエデ類が植わる、すがすがしい空間です。３年前、今の場所に越してきたＫさん。以前住んでいた家に引き続き、今回も大宏園の大島さんに、庭づくりを依頼しました。

以前の庭よりだいぶ敷地が広くなり、雑木の本来ののびやかな姿を堪能できるこの庭は、鳥のさえずりが響き渡り、季節の表情が感じられる空間。イタリア斑岩やベルギーの自然石を張った味わいのある園路をのんびりと辿りながら、庭をぐるりと回遊できます。

実はバス通りに面しているＫ邸。通り沿いの南と東南側に、高さ２ｍのイタリア斑岩の石積みのウォールを設けたことで、通りの喧騒を感じさせないように工夫しています。ウォールはポイントに大きな石をはめ込むことで、変化を持たせました。味わいのある自然石を使ったので、重厚感もたっぷり。雑木の軽やかな姿をより引き立て、メリハリのあるデザインに仕上がっています。

外部からの視線や喧騒を気にせずに、ベンチでくつろいだり、花の手入れをしたりする時間が何とも心地良いと、Ｋさん。最近では、ご主人のほうが草花を植えたりして、植物の手入れにはまっているそうです。

ヤマモミジ

右／宿根リナリアやオリエンタルポピーの花が庭を華やかに演出。花の手入れは、Kさんご夫妻の共通の楽しみとなっている
左／ギボウシやフッキソウ、タマリュウの緑をベースに、ビオラなどの草花の彩りで愛らしさをプラス

ヤマボウシ+エゴノキ

中高木をメインに、メリハリを利かせた植栽。高木を植えていない場所は広い空がのぞめ、開放感がある

ヤマモミジ+ヤマボウシ

ベルギーの石を敷いたアプローチの左右に、2本の雑木をエントランスに向かって傾斜させて植え、ダイナミックさを演出。木のまわりは回遊できるように、細い園路を設けている

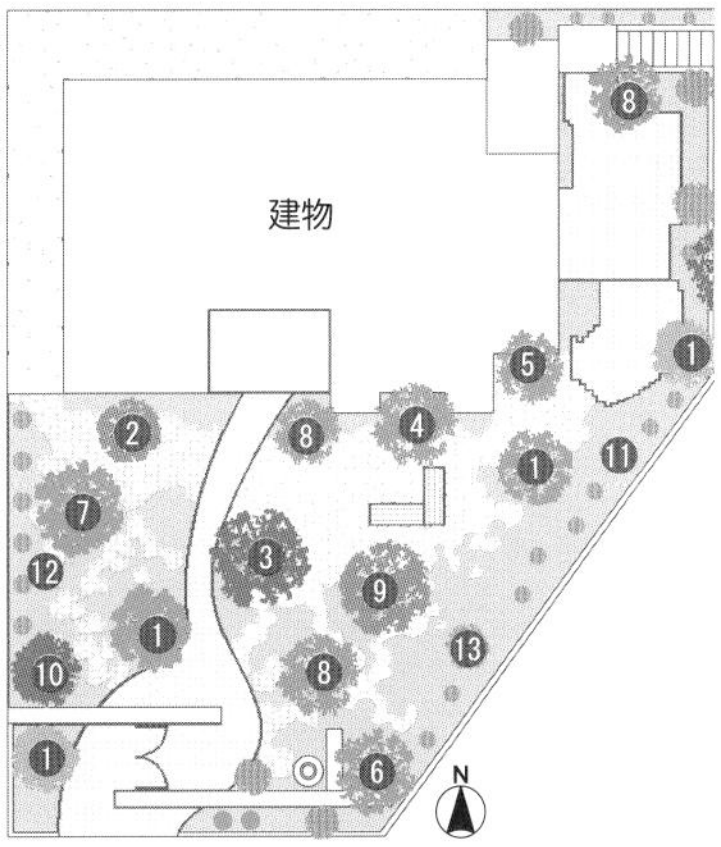

主な中高木

❶ヤマモミジ、❷ハウチワカエデ、❸ヤマボウシ、❹イロハモミジ、❺コハウチワカエデ、❻オオモミジ、❼エゴノキ、❽トキワヤマボウシ、❾モミジ‘大盃’、❿ツバキなど。

主な低木

⓫アジサイ、⓬アオキ⓭バイカウツギなど。

主な下草

ギボウシ、シャクヤク、宿根リナリア、ヤマユリ、西洋コマクサ、オリエンタルポピーなど。

主な資材

イタリア斑岩、ベルギーの石など。

オオモミジ

ウォールの表情をやわらげている雑木。秋になると、雑木をはじめ様々な植物が赤や黄色に紅葉し、ウォールとともにあたたかな色の世界を作る

エントランスの突き当たりに設けた石積みのウォールと水場。蛇口の下にはかめを置き、見せ場を作っている

Point

広い石張りには植物を添えて

ベルギーの石を敷いた石張りのゾーン。かたい印象にならないように、斑入りのツルニチニチソウを植えた帯を1本通しました。シーンに彩りやみずみずしさが加わり、表情をより豊かに演出しています。

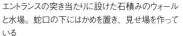

雑木の存在感が空間に奥行きと広がりをもたらしている

◆近本謙介さん（茨城県）

主木　ソヨゴ、アオダモ、アオハダ、ナツハゼ、ヤマモミジ

アオハダ＋ヒメシャラ

アオハダなどの株立ちの樹木が、圧迫感のない開放感を演出している。四角いデッキと円を描く花壇のラインが交差し、庭をシャープに見せている

稲田石とウッドを組み合わせたデッキ。垂直にのびたストライプ模様は、庭の空間に広がりをもたらす効果がある

DATA

設計・施工 / 筑波ランドスケープ
庭の面積 / 約 100 ㎡

美しいストーンワークで樹木のみずみずしさをアップ

以前はマンション住まいだったという近本さん。初めての庭は、雑木を取り入れた庭づくりに定評がある筑波ランドスケープの枝さんにデザインをおまかせしました。

家の前は児童公園。緑豊かな借景を生かしながらも、圧迫感を感じさせない間隔でソヨゴ、アオダモなどを配し、目隠ししています。

見通しがよいI型の空間に、テーブルセットを置いたくつろぎの場、デッキスペース、水場などを設け、コンパクトながら見せ場の多い庭に。それぞれのシーンをやんわりと仕切っている樹木の枝葉が、限られた空間に奥行きを与えています。

一方でスペース同士のつながりをもたらしているのが、稲田石による巧みなストーンワーク。同素材でも場所ごとに仕上げを変えて統一感をもたせながら、飽きを感じさせない工夫がされています。深みのある肌合いが美しいバーナー仕上げの稲田石とウッドを組み合わせたストライプのデッキや、しっかりと輝いてつややかに仕上げた水場の水受け。デッキと水場の間の敷石は、ノミ仕上げで自然な肌合いにしています。

ハードなストーンワークに雑木がすがすがしく映え、心からくつろげる大満足の庭になりました。

アオハダ+ナツハゼ

毎朝、草取りをしたあと、椅子に座って庭を眺める時間が奥さまのお気に入り。樹木の自然な枝ぶりがシーンに深みを与えている

草どめやマルチング、ペイビングとして、緑と相性がいいバークチップを花壇や小道に利用。ミカモ石と組み合わせて変化のある小道に

アオハダ

ミニ花壇にラベンダーやパンジーを植えてみずみずしいシーンに。ハードなデッキの立ち上がりを隠し、デッキと芝生をなじませる効果もある

ナツハゼ

奥さまが好きな青色や紫色の花が、株元に彩りを添えている。四季を通じて楽しめる花壇の花々は、絵画を学ぶ高校生のお嬢さんによってみずみずしく描かれるのだそう

コハウチワカエデ+イロハモミジ

秋にはカエデやモミジの紅葉が楽しめ、違う表情を見せる。株元に植えた季節の草花の生長に、日々心が癒されるのだとか

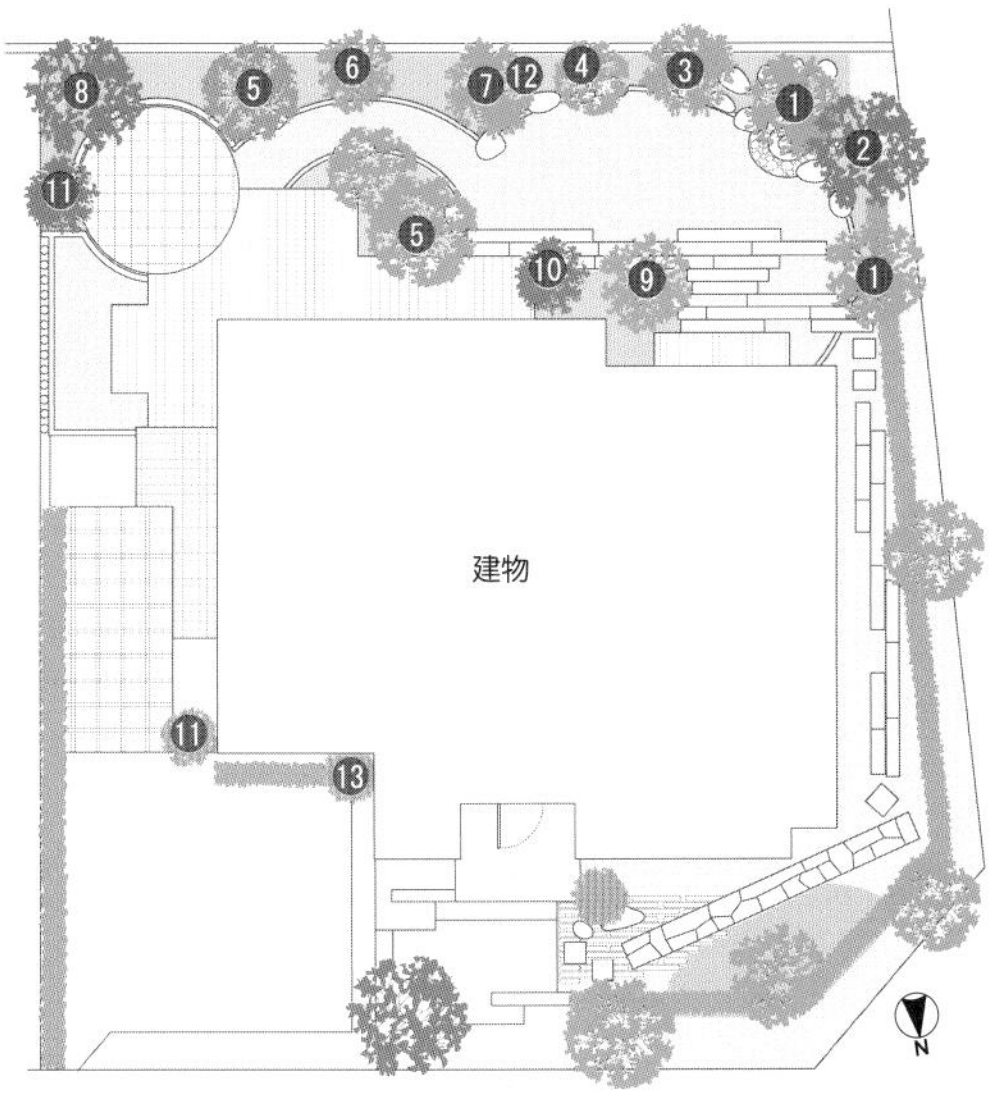

主な中高木

❶ソヨゴ、❷ヤマモミジ、❸シラカシ、❹ヒメシャラ、❺アオハダ、❻アオダモ、❼カツラ、❽ヤマモモ、❾コハウチワカエデ、❿イロハモミジなど。

主な低木

⓫トキワガキ、⓬ナツハゼ、⓭トキワマンサクなど。

主な下草

ギボウシ、リグラリア、クリスマスローズ、ガウラ、フレンチラベンダー、季節の草花など。

主な資材

稲田石、ミカモ石、チャート、砂岩、斑岩《はんがん》など。

コハウチワカエデ

コハウチワカエデの株元にセダムのカーペットで明るく覆い、ダークなリグラリア、斑入りハクリュウなどを添え、色彩豊かな植栽に

ヤマモミジ＋アセビ

チャート（推積岩）と稲田石を磨いて仕上げた受け皿で作ったしっとりとした蹲《つくばい》には、きれいなヤマバトがたびたび訪れる

Point

縦置きと横置きで動きのある庭に

場所ごとに仕上げを変えて、表情豊かな足元を演出しているストーンワーク。さらに、縦置きと横置きを組み合わせるなど並べ方にも工夫を凝らし、躍動感あふれるモダンなデザインになっており、庭にアクセントを与えています。

木漏れ日が美しい雑木の庭 ◆3

緑の中に美しい花や実が映えて四季を通して飽きることがない庭

◆福村礼里子さん（奈良県）

主木

カシ、リキュウバイ、ゲッケイジュ、シャラ、ヤマボウシ

DATA

設計／ノコガーデン

施工／野の花・黄花《おうか》

庭の面積／約100㎡

さわやかな風の吹く中でのハーブティーとケーキの味は格別。ガラスのテーブルがさらに涼しさを演出している

たくさんの樹木や下草が庭全体を包み込むように木陰を作っている。南側に落葉樹を多く植えているので、冬になると暖かな日差しが入ってくる

ナツロウバイ+シャラ

2階のテラスを増設した部分が屋根代わりに。コンサバトリーがもうひとつ増えたような空間。樹形の美しいシャラやアジサイを植えたので四季を通じて楽しめる

モデルガーデンとして自分好みの庭に挑戦

新緑の葉の間からこぼれる光のシャワーを浴びながら、家族や気の合う友人と食事やティータイムを楽しむのが、忙しい日々のリラックスタイムになっているという福村さん。「環境クリエーター」の肩書で、庭の設計・施工や家のリフォームなどで活躍しています。もちろん、この自宅の庭も自分でデザインしたもので、モデルガーデンとしてお客さまにお見せしています。

四季を通し、いつでも楽しめるように工夫しているこの庭。春はリキュウバイやエゴノキの花が咲き、初夏にはシャラの花やナツロウバイに実が成り、秋には美しい紅葉とツリバナなどの実が楽しませてくれます。それまで葉で隠れていた樹形や木肌が、その姿を見せてくれる冬は冬で美しいものです。庭の構造物は木や石など自然素材を使用。本物だけが持つ独特の質感を大切にしています。

雨の日でも庭の風景が楽しめるコンサバトリー

庭に張り出す形で造られたのが、4畳ほどのコンサバトリー。屋根はガラス張りでその下に簾を張っています。雨の日でも庭の緑が目に入ってくるばかりでなく、「中にいると、屋根に雨が当たる音が聞こえてきて、まるで雨の中にいるようで楽しいんです」と言います。

エコについても大いに関心がある

Point

室内でも楽しむ庭

コンサバトリーには、庭の雑木の葉などをよく花瓶に飾っています。庭の葉や草、花などを飾ることによって、庭と一体となった空間にすることができます。生けるものの種類により花瓶も変えています。

2階まで常緑樹が大きく育ち、部屋の目隠しになっている。窓を開け放てるので、家の中を風が通る。ウッドデッキは市販品を使わずにオリジナルで製作

小道へと大きく葉をのばし育っているシラン。半日陰でも育ち、毎年大株になっていくので下草におすすめの植物。構造物のつながりが出て自然な雰囲気がアップする

コンサバトリーは「鉄とガラスの箱」をイメージしてオーダーした。庭に出やすく、庭と一体感を演出するため地面と床をほぼ同じ高さにしている

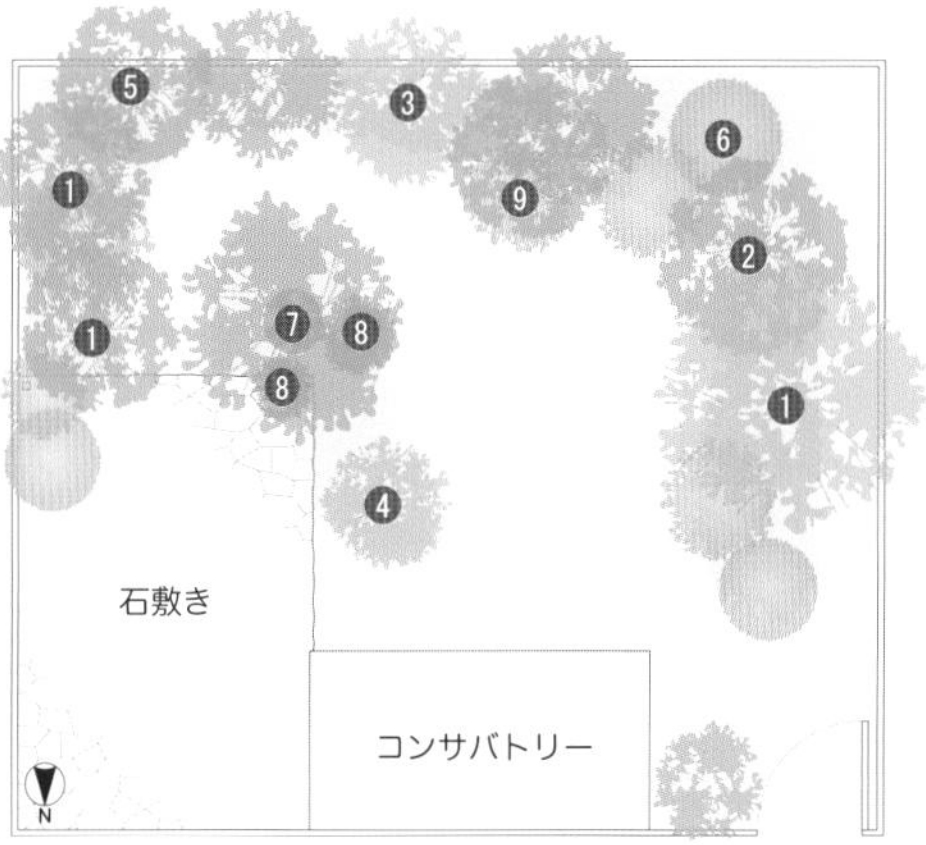

主な中高木

❶カシ、❷リキュウバイ、❸ゲッケイジュ、❹シャラ、❺ヤマボウシ、❻ミズキ、❼モミジなど。

主な低木

❽ナツロウバイ、❾カシワバアジサイなど。

主な下草

ナルコユリ、シラン、ユキノシタ、ヤブラン、ハンゲショウなど。

主な資材

石、鉄、ガラス、自然素材など。

福村さん。水やりにはかめに貯めた雨水も使い、肥料は落葉にEM菌を混ぜて作った堆肥を施し、薬剤散布はしないなど、できる範囲でエコ生活を実践しています。

リビングは2階にありますが、テラスを増設してまるで空中庭園のような趣にしています。1階からのびる雑木の緑と空の青さのコントラストが、とても美しい景色を作り出しています。どこにいても自然との融合が感じられる素敵な庭にすることができました。

美しい木漏れ日が映えるように デッキ近くにモミジを植採

主木
モミジ、コナラ、アオダモ、ジューンベリー、ナツハゼ

◆T・Kさん（東京都）

たくさんの樹種を植えているTさんの庭。既存のヤマモモのまわりにはアオハダ、ナツハゼ、アオキなどを植樹。適度なすき間がある塀は風通しもいい

美しい庭を見渡すために大きなガラスを使った開放的な窓。コーナーの柱付近には3本のモミジをシンボル的に植えている。柱は景色の邪魔にならないようにリビングからは細く見え、なおかつ強い構造に

DATA

設計・施工／松浦造園

庭の面積／約200㎡

大きな窓を開け放ち 雑木がメインの庭を楽しむ

東京の下町。後方には高いマンションが立っている住宅密集地にあるTさん宅。小児科の病院と併設されており、建物はまだ完成したばかりです。木材を中心に自然素材をたっぷり使った家は、とても開放的。庭を造った松浦造園の松浦さんは、建築途中から庭づくりに入り、徐々にでき上がっていく家の様子を見ながら、木の配置やデザインを考えていったそうです。

「とてもいい設計でしたので、建築の力に見合ったバランスの良い庭づくりを心掛けました」と松浦さん。

普通は1本の大きな木をシンボルツリーとして使うのですが、松浦さんはモミジを3本まとめて植え、ポイントにしています。家のまわりの建物などの無機質な感じをなくすため、植栽にボリュームを出しました。また、さりげなくまわりの視線を防ぐようにも工夫をしています。

家と塀の間の幅があまりないので、くねくねと曲がっている園路を設置。園路の形を工夫したことで奥行き感が出るようになりました。春にはツツジ、秋にはモミジの紅葉と色も楽しめる庭は、都会にあっても癒される空間になっています。

モミジ＋ナツハゼ

曲がりくねった園路のコーナーにモミジやナツハゼを植えている。L字型のデッキに座ると、それらの樹々が間近に見える

ソヨゴ＋モミジ

園路のコーナーには、ソヨゴやモミジ、セイヨウシキミやミツバツツジなどを植えている。ちょっとしたポイントに

デッキのコーナーにはベンチを設置。背中部分に塀と同じ仕切りをつけて、落ち着いて安らげるようにしている

コナラ＋モミジ

今まであった玉石はそのまま使用。手前の方にあるモクレンやモッコク、ネズミモチも既存の木を再利用

家の奥には高いマンションがあるが、木が育ってきたお陰であまり目立たなくなった。区の規制により、塀の外にも中高木などが植えられている

Point

きれいな木漏れ日のために デッキの近くに植栽

ウッドデッキのすぐ近くにモミジなどを数種類植栽することにより、天気がいい日にはデッキの上にきれいな木漏れ日ができます。ゆれる木漏れ日を見ているだけでも癒された気分になれます。

モミジ＋ナツハゼ

くねくねと曲げて造られた園路。家と塀の間はあまり幅がないが、園路を曲げたお陰で奥行き感を出すことができた

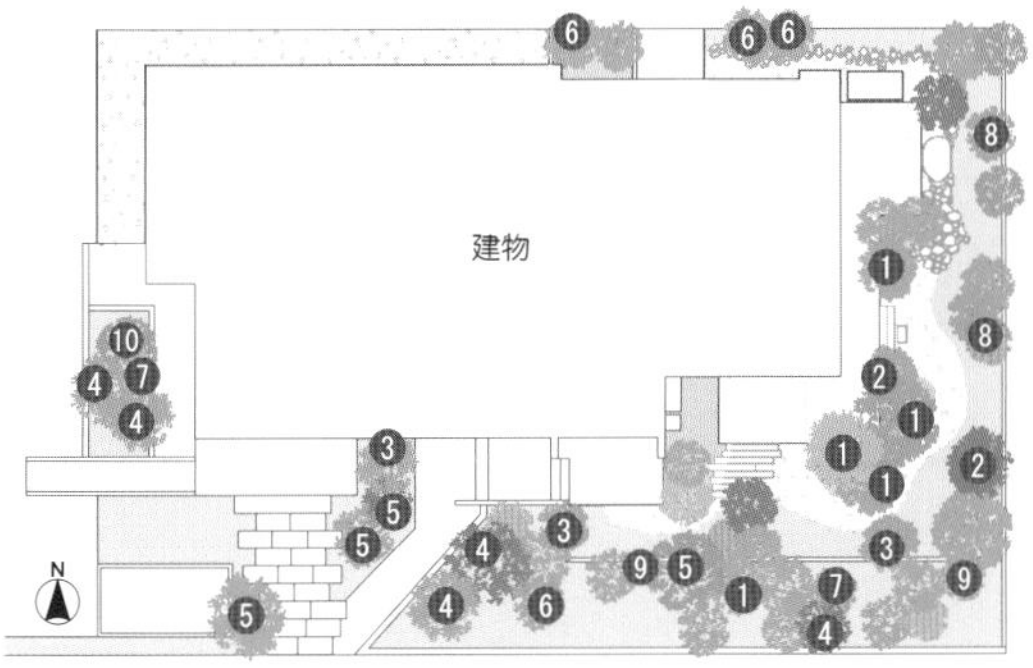

主な中高木

❶モミジ、❷ナツハゼ、❸アオハダ、❹アオダモ、❺コナラ
❻ソヨゴ　❼ジューンベリー、❽モチノキなど。

主な低木

❾ミツバツツジ、❿ユズなど。

主な下草

キチジョウソウ、フッキソウ、オウゴンセキショウ、セキショウ、タマリュウ、ツワブキ、ヤブラン、シダ、ハラン、クリスマスローズなど。

主な資材

枕木、御影石、玉砂利、真砂土など。

ストーンワークの力強さを演出したエネルギーがあふれ出る庭

主木
ソヨゴ、アオダモ、シャラ、ヤマモミジ

◆大道寺誠次さん（茨城県）

上／前の庭で敷かれていた六方石を再利用して造った立つくばい。滑らかな石肌を流れ落ちる水が、庭に動きをもたらす
右／石張りのテラスの周囲には、ギボウシやリグラリアなどの大きめな宿根草を植栽。空間をドラマティックに演出

ヤマモミジとヤマボウシの紅葉が庭を秋色に染める。木々の間に落ちる秋のやわらかい木漏れ日が美しい

DATA

設計・施工／筑波ランドスケープ

庭の面積／180㎡

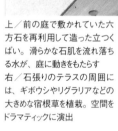

ヤマモミジ＋アオダモ

既存のヤマモミジをそのまま生かしてダイナミックに枝葉を広げる。切れ込みの入る葉のフォルムが、庭のデザインを一層美しく引き立てている

放射状に石を敷いた車庫側のテラス。草花が生き生きと咲き乱れる。奥のテラスは雑木に囲まれ、視線を遮られたゾーンになっている

石と雑木が骨格をなした草花が美しい庭

ストライプのデッキに造った円形のテラスが印象的な大道寺さん宅。この雑木と石、草花が一体となったモダンでナチュラルな庭には、デザインに無駄がありません。

以前は常緑樹がメインの昔ながらの和風な庭でしたが、「デッキを作って、自然な佇まいの庭を楽しみたい」と、筑波ランドスケープの枝さんに庭のリフォームをお願いしました。

庭は大きく分けてふたつのゾーンからなり、それに付随してそれぞれの見せ場が設けられています。ひとつはデッキと石張りのテラスのゾーン。耐久性のある御影石とアイアンウッドをストライプ状に張ったデッキの隅に、円形のテラスを一段下げた高さに設置。まわりはスラっとした雑木を植栽し、包まれているような心地良さを生み出しました。通りからの視線もまったく気になりません。そして隣のもうひとつのゾーンは、石を放射状に敷いたストーンテラス。ベージュの御影石を放射状に敷き、広がりと明るさを感じるスペースになりました。どちらも石と植物のバランスが絶妙で、構造物のデザインが生かされつつ、さまざまな植物が美しく茂っています。

庭にはたくさんの草花が風にそよぎ、青と白色をベースとした花選びで、空間をさわやかに演出していま

す。「毎日庭に出て、花の手入れをしています。夕方に水やりをする時間は本当に気持ちがいいですよ」と大道寺さん。造園家の意匠と大道寺さんの愛情が、大らかで気持ちのいい空間を作り上げました。

ふたつのゾーンの間からそれた小道にはバークチップを敷き詰め、野趣が漂うシーンに。ブルーのアガパンサスが彩りを添える

上／車庫からの入口の突き当たりで、水栓がアイストップに。棒状の石を並べて、奥への視線をやんわりと遮る
下／放射状に並べた石の外周は、不規則に入り組ませて、グランドカバーを植栽。コンテナがアクセントに

Point

デザインに遊び心を加える

円形のテラスの一角に、既存の六方石を一石横たわらせました。これは、茶室の入口に設ける「塵穴」（木葉を捨てる穴）の縁につける「のぞき穴」を模したもの。シャープなデザインのなかにも、遊び心をプラス。

主な中高木

❶ソヨゴ、❷アオダモ、❸ヤマボウシ、❹シャラ、❺ヤマモミジ、❻アオハダなど。

主な低木

❼アジサイ‘アナベル’、❽エニシダ（白花）など。

主な下草

ホスタ、リグラリア、アガパンサス、ビンカ・ミノールなど。

主な資材

御影石、アイアンウッド、六方石など。

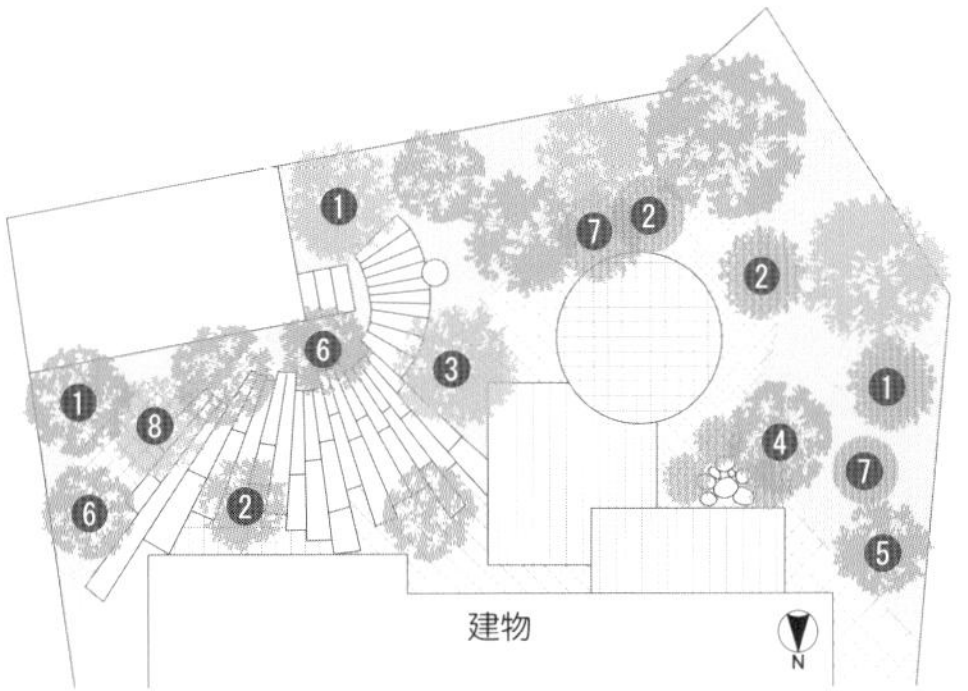

なだらかな丘陵を思わせる芝生の勾配。その中で風にそよぐ雑木の姿が美しい

◆大島純治さん（大阪府）

主木
アカマツ、アズキナシ、ヤマボウシ、ソヨゴ、ウワミズザクラ

DATA

設計・施工／杉景（Sankei）

庭の面積／580㎡

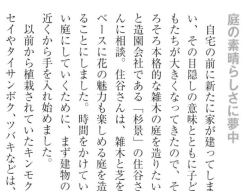

ヤマザクラ＋シラカシ

木陰を作る高木がナチュラルな雰囲気を醸し出している。樹木はまとめて植えて、森の中にいるような気分に

ウワミズザクラ

庭を一周できるように作った小道の途中には、ロックガーデンや小山もあって、山歩きの雰囲気を楽しめる

Point

緑に包まれるような空間づくり

リビング前のくつろぎのスペースであるテラスは高木の雑木で囲み、囲まれ感をアップさせて、居心地の良い空間にしました。ただし、四方すべてを囲まずに少し空きスペースを残したことで、庭へのつながりと開放感を作りました。

リビングから眺める庭の素晴らしさに夢中

自宅の前に新たに家が建ってしまい、その目隠しの意味とともに子どもたちが大きくなってきたので、そろそろ本格的な雑木の庭を造りたいと造園会社である「杉景」の住谷さんに相談。住谷さんは、雑木と芝をベースに花の魅力も楽しめる庭を造ることにしました。時間をかけていい庭にしていくために、まず建物の近くから手を入れ始めました。

以前から植栽されていたキンモクセイやタイサンボク、ツバキなどは、刈り込まれていたものを自然樹形に戻してから奥の方に移動。芝生を敷

毎年こぼれ種で殖える花、ジキタリス。白からピンクの濃淡などグラデーションが楽しめる。花穂が風に揺れるさまが、のどかな風景

アカマツ＋ソヨゴ

小道を造って庭を回遊できるようにデザイン。庭の中央に視線が集まるように、樹木は中央に向けて傾けて植えられている。線の細い草花が野趣を漂わせる

ソヨゴ

どこからでも庭を眺められるように、テラスやウッドデッキにテーブルやチェアを置いた。景色の違いも楽しめる

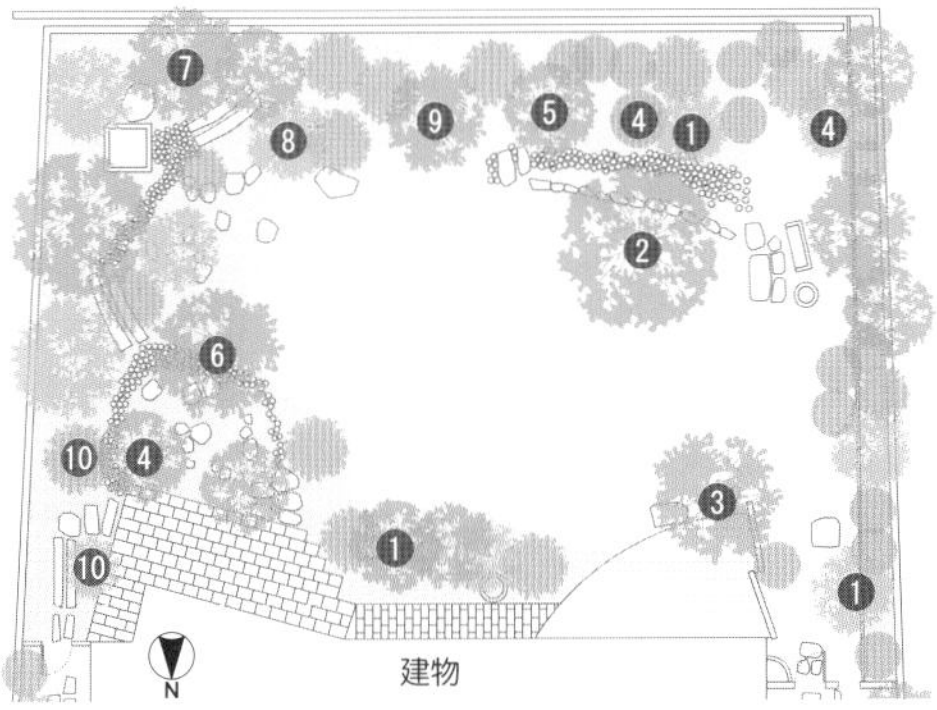

主な中高木

❶アカマツ、❷アズキナシ、❸ヤマボウシ、❹ソヨゴ、❺ウワミズザクラ、❻ヤマザクラ、❼タイサンボク、❽シラキ、❾ナナミノキ、❿シラカシなど。

主な下草

クガイソウ、ギボウシ、オカトラノオなど。

主な資材

枕木、レンガ、丹波石など。

いている地面は、建物に近い方を高くし、南に行くにしたがって低くなるようにしています。これは、遠近感を演出するためと水はけを考えてのこと。建物の近くにはデッキも作って、くつろぎの場所を作り出しました。

「リビングから見る眺めが最高ですね。庭全体が目に入ってきますし、朝日や木漏れ日もとてもきれいですよ」と絶賛する大島さん。実はこのリビング、庭がきれいに見えるようにと書斎をなくして、さらに増築したもの。窓の位置も庭が見えやすい場所に変えています。

気に入っている木は、アズキナシとシラキ。アズキナシは芽吹きの季節が特に美しく、白い花も可憐で大好きとか。シラキは紅葉したときの真っ赤な葉と白い幹の対比の美しさに目を奪われるといいます。

見る場所により、いろいろな顔が楽しめる雑木とバラを使った回遊式庭園

◆小高雅子さん（埼玉県）

主木
カツラ、シャラ、アオハダ、ソヨゴ、ジューンベリー

回遊路の中心には葉色が濃いものを集める

以前はバラやハーブを主体とした庭でしたが、管理が大変だったため、手のかからない雑木を主体にした庭にリフォームして、アクセントとしてバラを配しました。

小高さんのお宅の特長は、何といってもグルッとまわれる回遊式になっているところ。歩く場所、居る場所によって見える風景も見える樹木、花も違ってきます。そのため、いろいろな庭の顔が楽しめます。注意したのは、樹木とバラのバランスを取ること。バラは大輪のものや真っ赤な花の種類は入れないようにして、自然味豊かな雑木としっくりとなじませるようにしました。

回遊路の中央部には、カツラ、ハナズオウ、ビバーナムなど、葉色の濃いものや力のある植物を集めてアクセントにしています。下に敷いているレンガは、バーミキュライトとモルタルを使った施工会社の手作り。その色合いや質感が庭の雰囲気とよく合っています。

庭全体に起伏を付けて立体的にしましたが、回遊路の途中にある橋は、さらに山のようになっている頂上にあり、橋を登るときは歩く速度も自然に遅くなります。

「この橋をゆっくり渡るときに見えるバラの花が、とてもきれいなんです」と話す小高さん。月がきれいな夜にはお孫さんと一緒に散歩することもあるそうです。この庭ができてからは、お孫さんとコミュニケーションを取る時間も増えてきました。

DATA

設計・施工／空間創造工房 アトリエ朴

庭の面積／約 120 ㎡

ジューンベリー
株元にニューサイランやタイムなどを植栽。園路沿いにタイムなどのハーブを植えると、香りも楽しむことができる

アオハダ
株元に置かれた石の水鉢。まわりのレンガと色を合わせ、自然に溶け込んでいる。水鉢ではメダカを飼う予定

Point

庭への期待感を高める

庭の入口に立てた黒いレンガ積みの門柱。低めに作ってあるので圧迫感は感じません。訪れた人は、そこから特別な空間が始まる期待感に包まれます。門柱の足元には草丈の低い植物を植えて、庭とのつながりをもたせました。

塀は作らずに株立ちのアオダモやソヨゴなどを植えて目隠し。開放感のある雑木のカーテンになっている

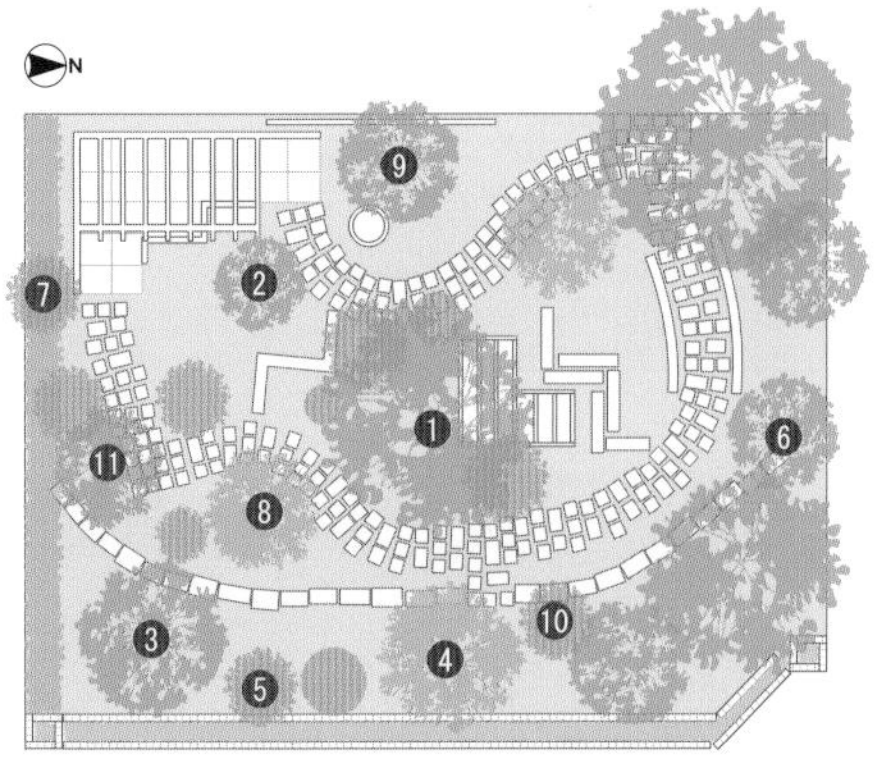

主な中高木

❶カツラ、❷シャラ、❸ヤマボウシ、❹ソヨゴ、❺モミジ、❻シマトネリコ、❼ハナミズキ、❽ジューンベリー、❾アオハダなど。

主な低木

❿シモツケ、⓫ギンバイカなど。

主な下草

ギボウシ、アカンサス、ジギタリスなど。

主な資材

オリジナル石材など。

シャラの足元に植えられたアカンサスやジキタリス、ギボウシなど。葉の形や色の違うものを植えて変化をつけた

枕木風の形の敷石。ジグザグに組んで散策しやすいようにしている。お孫さんとも遊びやすいように配慮している

ハナミズキ＋シャラ

夏場は、まわりに植えられた樹でほど良く日差しをカット。株元のアカンサスが彩りを添えている。植栽と敷石の高さを合わせてあるので開放感を感じさせる

自由な発想ですがすがしい雑木とアートを融合させた個性派の庭

◆中野可奈子さん（茨城県）

主木

アオハダ、モミジ、アオダモ、アブラツツジ

アオハダ
アオハダに隠れるようにテーブルセットを置いて、プライベートなコーナーに。その向こうはあざやかな花を楽しめるコーナー

左／英国のコッツウォルズを旅した友人から、現地で見た庭の敷石の並べ方を聞き、まねをして友人と敷いたもの。ほど良いラフさがカギ

右／奥行きを感じさせるように園路にカーブを設けている。樹木の小枝や下草でさりげなく遮り、先への期待感をアップさせている

DATA

設計・施工 /——

庭の面積 / 1200 ㎡

自分でデザイン、山取りをして思い描いた庭へと近づけて

以前は芝生が広がる和風庭園だったという中野さんの庭。10年前にご主人の仕事の都合で渡米し、2年間ニューヨークで暮らした経験がきっかけとなりました。そこで帰国後、緑豊かな雑木の庭へと形を変えていきました。

海外での暮らしは、日本の風景や文化の素晴らしさを実感する機会にもなりました。そこで日本の山を思わせる雑木の庭をベースに、アートを感じさせる癒しのある庭づくりを目指しました。

アオハダや珍しいアブラツツジなどの樹木は、友人に手伝ってもらい山に入って選んだ山取りにこだわりました。野趣味のある樹形と、庭にちりばめた個性的なオブジェやデザイン性の高いガーデンファニチャーとの絶妙なバランスが、飽きのこないシーンを生んでいます。その見ごたえのあるシーンをつなげるように園路を少しずつ増やし、連続性のある完成度が高い庭になりました。

アートな空間をほど良く落ち着かせているのが、ギボウシや山野草などのなじみやすい下草たち。さらに、山取りのスギゴケやシダ類を植えて、山の小道のような趣を高めています。

自分の感性に耳を傾け、斬新さと普遍的な自然の美しさを融合。中野さんらしい雑木の庭が完成しました。

アオダモ＋アオハダ

門扉のハードな印象を、ステップを上がりきった場所に植えたアオダモのやさしいグリーンの葉がやわらげている

アオハダ＋ナツハゼ

ほのかにともるライトをいくつか点在させ、夜の雰囲気も高める演出をしている庭。抜け感のある株立ちの樹木が軽やかな印象

アオダモ

ゆるやかな園路のカーブに、株立ちのアオダモを点在させて奥行き感をアップ。斑入りのギボウシが空間に明るさを添え、アクセントになっている

Point

濃色のスギ皮のバークで園路をすっきり見せる

園路にバークを敷いて雑草を予防。スギ皮は色が濃いため、庭の引き締め役にもなります。歩いたときのふわふわとした感触も、散歩の時間を楽しく演出してくれます。やがて堆肥になるので環境にもやさしい素材。

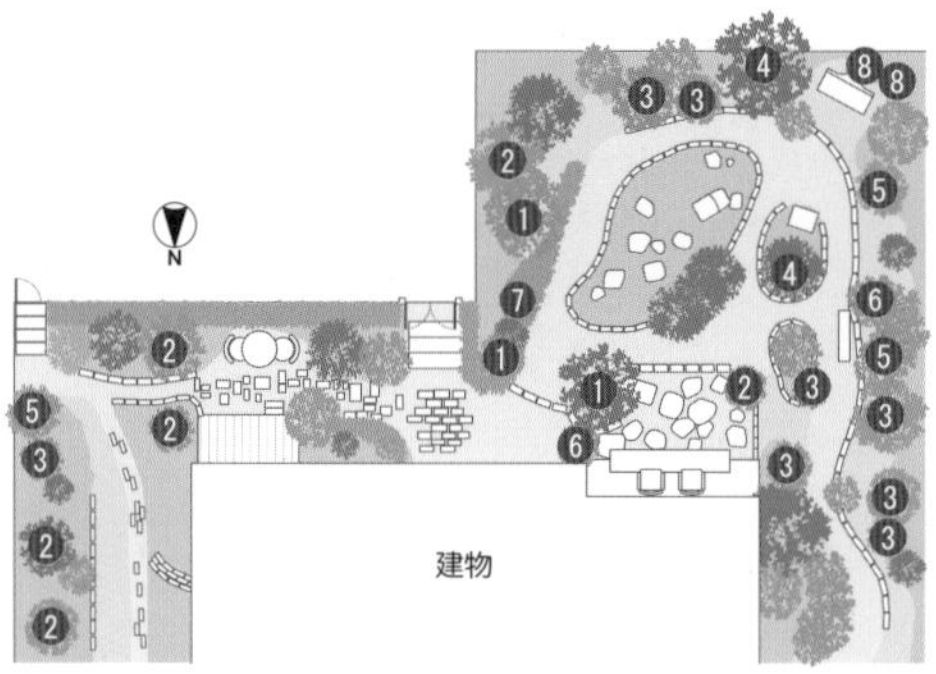

主な中高木

❶アオダモ、❷アオハダ、❸モミジ、❹ケヤキ、❺アブラツツジなど。

主な低木

❻ナツハゼ、❼アメリカハナズオウ、❽アジサイ類など。

主な下草

ギボウシ、ヒューケラ、ニューサイラン、ユーフォルビア、コケ類、シダ類、その他山野草など。

主な資材

ヒノキの板塀、自然石、スギの皮バークなど。

ケヤキ＋シャラ

たっぷりとした日陰をもたらしてくれるケヤキの下に、フォーカルポイントにもなるチェアを置いてくつろぎの場所にした

四季折々の花や紅葉に鳥のさえずりが響きまるで森にいるみたい

◆後藤麗子さん（宮城県）

主木
エゴノキ、ヤマモミジ、メグスリノキ

DATA

設計・施工／―――

庭の面積／約250㎡

様々な樹種を植えて四季の移ろいを楽しむ

約10年前、自宅の建てかえを機に、純和風の庭を雑木の庭に変えた後藤さん。植え替えや追肥などの手入れ

エゴノキ＋ヤマモミジ
シンボルツリーのエゴノキやそれを囲む木々。ウッドデッキや石張りの道では木漏れ日が美しい影を落とす

エゴノキ＋ヤマモミジ
リビングから眺める庭の風景も、木によってまわりの建物が目隠しされ、森の中にいるような景色に

が極力少なく、くつろげる庭にするために、雑木の庭を選択したそうです。ご主人と一緒に木の種類を選び、造園家に植樹と道の石張りを依頼しました。その際、年間を通して花や紅葉を楽しめるように、花の時期、紅葉の時期をずらして木を選びました。春にはエゴノキ、コデマリなどの花が開き、秋にはヤマモミジ、メグスリノキとさまざまな木々が順々に紅葉のピークを迎えて、いつでも見所のある庭になっています。

また、「緑のトンネルを抜けて家にたどり着くような道が欲しい」という希望を伝え、道の両側の木に傾斜をつけて植えたことで、木々に包まれているような道が完成しました。下草は葉物のほか、緑の中に自然な雰囲気で花が咲くように花色が薄い山野草などを選び、本物の森のように仕立てています。手入れも2年に一度、腐葉土を足し、時折剪定や下草の植え替えをする程度で、最低限に留めています。

ご主人は、朝、デッキのテーブルセットでコーヒーを飲みながら新聞を読むのが日課。鳥のさえずりも聴こえて、毎日、森林浴をしているようにすがすがしい気分になれるそうです。また、近くに住む家族や親戚、友人を招いて庭でバーベキューやお茶をすることも。秋にはお孫さんとドングリを拾って遊んだりして、いつも笑い声の絶えないにぎやかな庭になっています。

エゴノキ ＋ ヤマモミジ

緑の木々に囲まれているように感じるアプローチ（写真上）。秋には徐々に紅葉していく表情豊かな庭となっている（左ページ）

アラカシ

低木を並べた壁際のコーナー。木の間から花がのぞくよう株元にクリスマスローズなどを植えている

エゴノキ ＋ ヤマモミジ

夏のデッキはエゴノキやヤマモミジの木陰になり、木漏れ日を眺めながら涼しく過ごすことができる

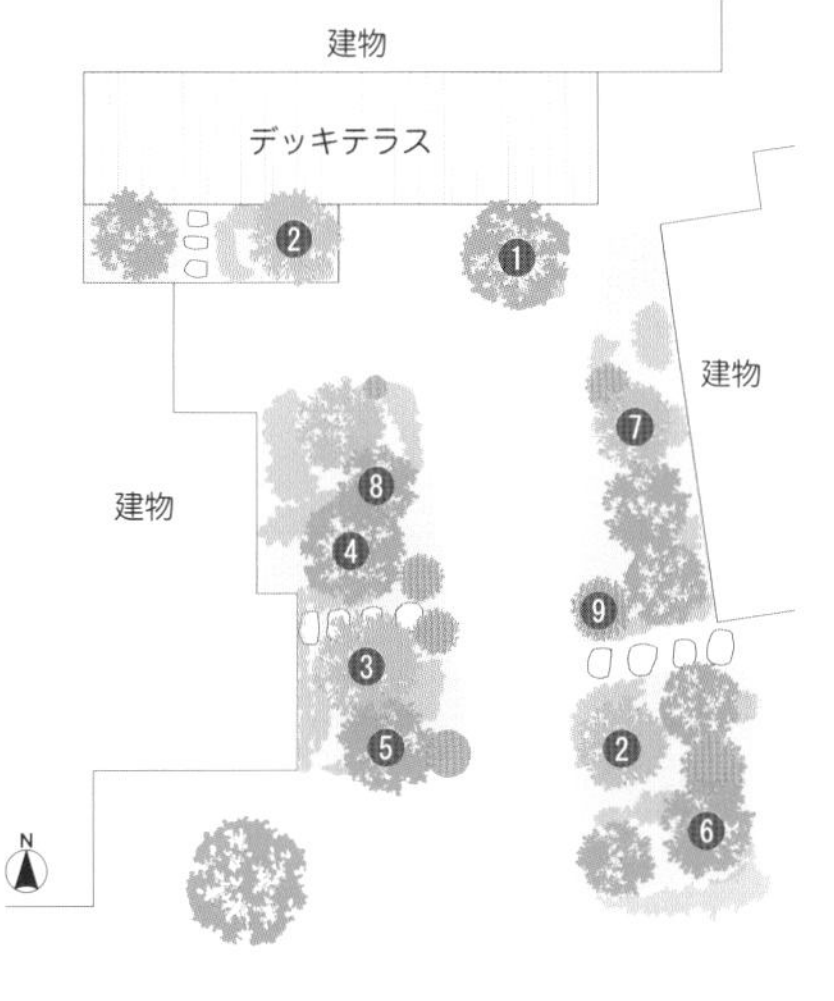

主な中高木

❶エゴノキ、❷ヤマモミジ、❸メグスリノキ、❹イタヤカエデ、❺ヤマボウシ、❻ジューンベリー、❼アラカシなど。

主な低木

❽ゴヨウツツジ、❾ナツハゼなど。

主な下草

ギボウシ、山野草など。

主な資材

稲井石など。

イタヤカエデ＋ゴヨウツツジ

ギボウシ、クリスマスローズなど、下草は目立たないものを合わせ、自然に見えるように心掛けている

Point

鳥が集まるポイントを設けて

木に集まる鳥たちのために、木の間にバードフィーダー（エサ入れ）と巣箱を設置。時折やってくる鳥の姿に癒されるポイントを設けました。巣箱の形をしたユニークなバードフィーダーなどは、庭の素敵なアクセントになっています。

雑木の庭をきらめかせる

植栽
アイデア
1

添景物を引き立てる

庭で視線を集める灯籠や水鉢などの添景物。洋風のフォーマルな庭園では添景物の全形を見せることが多いですが、自然な佇まいのある庭や和の庭では全形を見せず、植物で一部が隠れるようにします。植物となじませることが、美しいシーンを作るポイントです。

雑木が茂る庭の奥にしっとりと佇む春日灯籠。灯籠の手前には低木のツツジやアセビを、脇にはそよそよとしたモミジの枝を灯籠の笠のあたりを覆うように植栽。灯籠のある風景をより趣深いものにしている

つくばいの脇に植栽した、力強い枝ぶりのソヨゴ。うねりのある幹には、古木の風格が漂う。枝葉が増えて茂りすぎないように剪定して、枝1本ごとの存在感を際立たせ、つくばいや灯籠とともに重厚な趣を作り出している

玄関アプローチに配した、道しるべ灯籠型の照明。まわりには斑入りヤブランやクリスマスローズなどの常緑の下草を植栽して、一年中緑で囲んでいる。つややかな葉に照明のあかりが美しく反射する

せせらぎが気持ちいい 水辺のある庭

シシオドシや水琴窟など、日本の庭園では、水音を上手に活用してきました。
さらに庭に渓流のような流れを作れば、庭にリズムが生まれてくるばかりでなく
せせらぎの音がバックミュージックとなって、心から癒される空間になるのです。

川と雑木がもたらす涼風が家の中も快適な環境にしてくれる

◆松本泰典さん（埼玉県）

主木

ヤマボウシ、コナラ、シラカシ、シャラ、ヤマモミジ

できるだけ自然の川の雰囲気をそのまま再現しようと、石の積み方にも工夫をした

松本さんの自宅の外にある回廊の下にも川が流れている。夏でも回廊の上に立つと、とても涼しい風が吹いてくる

ヤマボウシ＋ヤマモミジ

左に見えるのが松本さんの自宅、右がモデルハウス。井戸水は、6カ所のさまざまな場所から出ており、自然な川の流れを作っている

DATA

設計・施工 / エービーデザイン

庭の面積 / 250 ㎡

モッコク＋ハウチワカエデ

左の大きなモッコクは、以前からあった木をこの位置に移植。ビオトープは、夏の暑いときにウッドデッキに座って足冷浴ができる

松本さんが昨年自分で植えたスイレン「スノーボール」。この庭を造ってから今まで以上に植物を育てるのが好きになった

ハウチワカエデ＋モッコク

窓からはいつでも好きなときに植物を眺められる。よろい戸は引き込むことができて、涼しい風が流れ込んでくる

ヤマボウシ＋コナラ

モデルハウスの玄関付近。今は1軒だが、6軒建てて「緑風の家」の街を作る予定。いずれも夏涼しく、冬暖かい家になる

日本一暑い熊谷を逆手に取った家づくり

1925年の創業以来、天然素材の木材を中心とした家づくりを行ってきた松本材木店の松本泰典さん。会社がある熊谷市は、猛暑になることで有名な街。そこで、その暑さを逆手に取り、夏でもクーラーのいらない家「緑風の家」を考え出しました。そのプロジェクトを進行していくうえで、エービーデザインの正木さんが、環境共生の考えと造園技術の融合を目指して造り上げたのが、この庭。

庭は、松本さんの自宅と「緑風の家」のモデルハウスの間に造られています。真ん中を流れているのが、

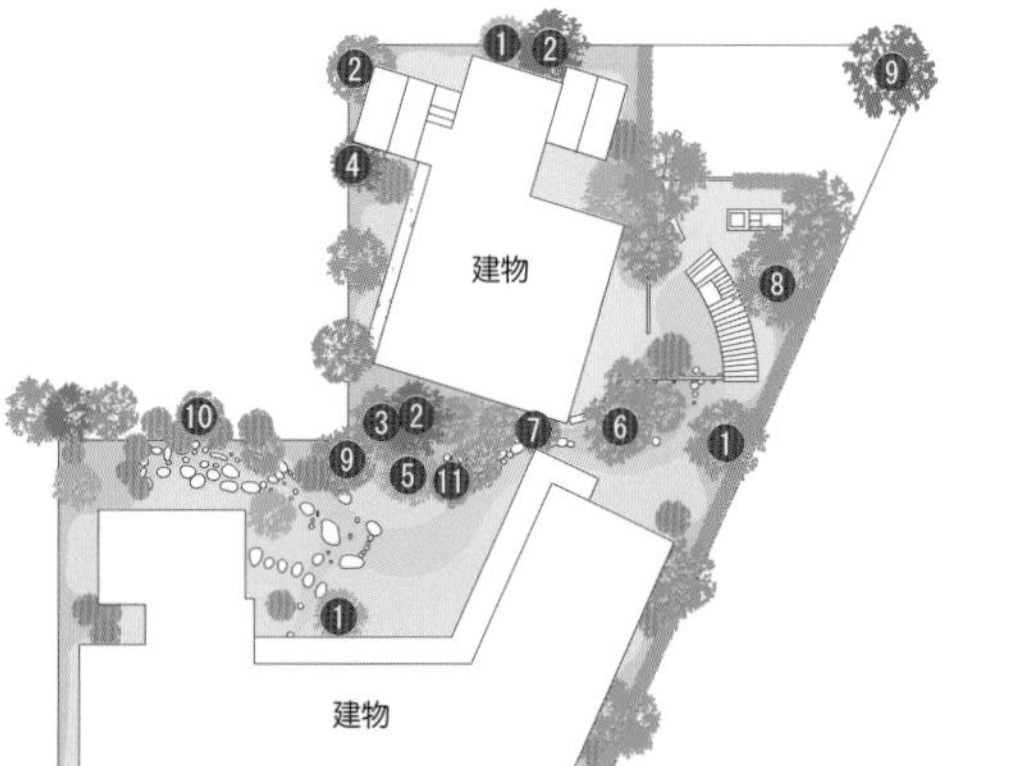

主な中高木

❶ヤマボウシ、❷コナラ、❸シラカシ、❹シャラ、❺オオモミジ、❻ハウチワカエデ、❼ヒイラギモクセイ、❽モッコク（既存）、❾ヤマモミジなど。

主な低木

❿オガタマ、⓫アジサイなど。

主な下草

アガパンサス、ギボウシなど。

主な資材

筑波石など。

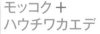

渓流を模した川。この庭のために掘った井戸水を使用していますが、一部の井戸水はモデルハウスの室内を冷やす蓄冷ウォールを通ったあと、川の流れに合流するようになっています。そして、最終的に川はビオトープに流れ込んでいます。

　また、南側には葉が繁る樹木が緑のカーテンとなって、強い日差しと輻射熱をやわらげ、北側は植物の蒸散作用で冷気を生み出し、室内に流れます。そのほか、建物の設計でもさまざまな工夫を施し、夏でもクーラーのいらない家を実現しました。

　まさに家と庭が一体化した事例といえます。

Point

カーブを均一に流れるように川底の勾配に苦労

川底には筑波石の砕いたものを敷設。川深が浅いので、川の流れが石にぶつかってせせらぎができ、きれいに光ります。川が曲がっており、水を均等の厚みで流れるようにするため、川底の勾配には大変苦労をしました。

せせらぎが気持ちいい水辺のある庭 ◆2

大胆なデザインの水場が樹木をみずみずしく映し出す

◆Aさん（栃木県）

主木

タムシバ、アオダモ、アオハダ、ソヨゴ、オオモミジ、ロドレア

アラカシ＋シラキ

美しい芝生の護岸に、シラキの株元から水場へと流れ込むように角度を設けたことで、逆岸の雑木のシーンを引き立てている

リビングのソファからの眺め。大きな窓越しに季節ごとに変化する樹木の表情を楽しめ、日々の暮らしの中に庭が溶け込んでいる

DATA

設計・施工／筑波ランドスケープ

庭の面積／約750㎡

カワセミもやってくる ビオトープガーデン

　ゲートを入ると、すっとのびるタムシバを中心に割り石による石組みが勢いよく放射状にのび、その先に広がるダイナミックな庭への期待が高まります。約750㎡という広大な庭には、アオダモやヒメシャラ、ソヨゴなどの雑木に加え、ミヤマガンショウなどの珍しい花木がのびやかに枝葉を広げています。樹木をよりみずみずしく感じさせているのは、設計・施工を担当した筑波ランドスケープの枝さんのアイデアが光る大胆な水場のデザインです。

　南側に設けたオブジェからわき出る水は、家を囲むように円を描き、東の小山からの流れと合流。護岸に植えたシマトネリコやヒメユズリハ、カツラやモミジといった雑木の枝葉が、ゆるやかな水の流れをやさしく見送ります。水面に透明感のある彩りを添えているのは、スイレンやカキツバタなどの水辺に咲く花たち。眺めて楽しむだけでなく、かすかな水音も心に安らぎを与えてくれます。

「カツラなどの新緑もいいのですが、紅葉が美しい秋の庭は、より見ごたえが増しますね」とAさん。コハウチワカエデやイロハモミジのあざやかな彩りが水面に映えます。

　豊かな流れに引き寄せられ、カワセミや多種のトンボも訪れるとか。日々展開される躍動感あふれる光景に、庭への愛着は深まるばかりです。

ソヨゴ

水場へと枝葉をのばしたソヨゴや、株元に植えた素朴なナデシコやシダ類などの下草が、野趣あふれるシーンの盛り上げ役に

水面に浮かぶスイレンは、ハッとするほどあざやかな彩り。点在させた稲田石の破砕石が、花のみずみずしさを引き立てている

Point

坪庭を設けて入浴中も庭を楽しむ

メインの庭のエッセンスを感じさせる坪庭。風呂に面した場所に設け、ソヨゴやワビスケを眺めたり、石を裂いて光を放つオリジナルの照明を楽しんだりしながら、充実した入浴時間を過ごしています。

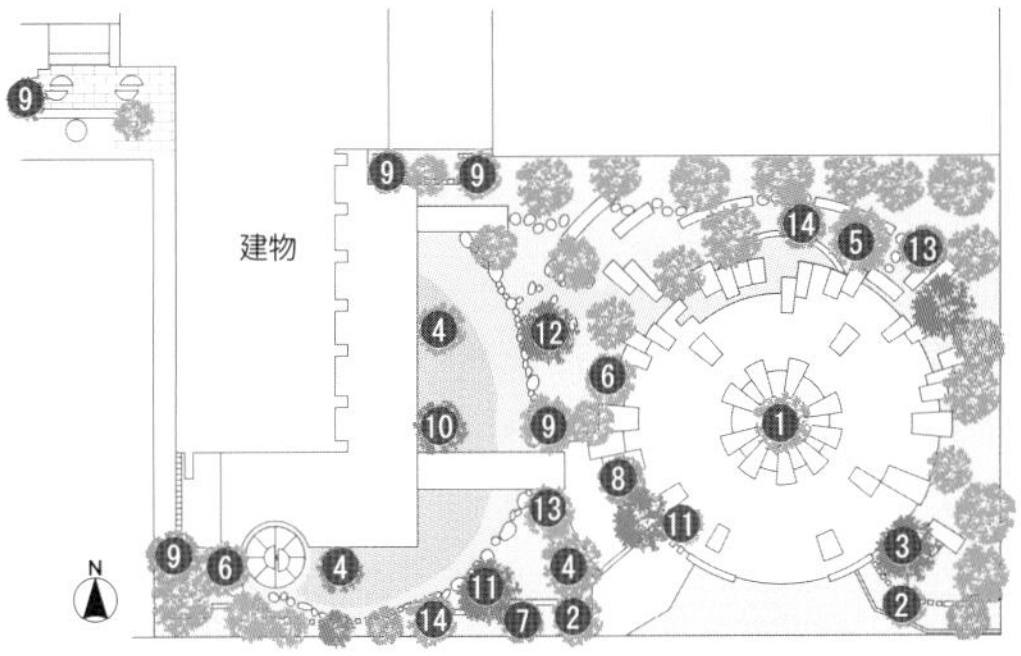

主な中高木

❶タムシバ、❷アオダモ、❸ヒメシャラ、❹アオハダ、❺ヤマボウシ、❻シマトネリコ、❼トキワマンサク、❽ナナミノキ、❾ソヨゴ、❿シラキ、⓫カツラ、⓬オオモミジなど。

主な低木

⓭ロドレア、⓮ヒメユズリハなど。

主な下草

カキツバタ、スイレン、ギボウシ、ツワブキ、ナデシコなど。

主な資材

稲田石、花崗岩など。

シマトネリコ ＋ アオハダ

水がわき出る仕掛けの「時空のオブジェ」。クレソンなどが育つ流れにサワガニを放し、動きのある庭を楽しんでいる

上から見ると林のような趣のAさんの庭。落ち葉のそうじなど手入れは必要だが、季節を通じて変化が楽しめる雑木の庭に心癒されているそう

カツラ ＋ タムシバ

ゲート前のストーンワーク。タムシバを中心に、車でひとまわりできるほどの贅沢な空間

川の流れ、石の配置、植え方など山里の雰囲気を忠実に再現

◆田辺昭典さん（東京都）

主木

アカシデ、モミジ、カツラ、アカマツ

アカマツ＋モミジ
庭の中心に渓流を配し、山里の雰囲気を再現している。左のモミジのように、根元が曲がった木を使用し、雪深い場所に育った木の特徴を表現した

DATA

設計・施工／石正園

庭の面積／265 ㎡

家を建てる前から庭づくりを始める

家にいながらにして、いつでも緑深い山里を歩いているような気分に浸れる庭。そんな庭を望んでいた田辺さんは、井の頭公園にほど近い場所に新居を建てるにあたって、以前住んでいた家の庭も造ってもらった「石正園」に造園を依頼しました。

庭を中心にした家づくりをするために、家を建てる前から大量の黒土や石、樹木を持ち込んで庭づくりがスタート。川の流れは本物らしさを追求し、上流付近は大きくてゴツゴツした岩を使用。下流に行くにしたがって、石も小さくて丸いものを使うようにしています。

使用する雑木は、雪が深い場所を想定して根元が自然に曲がっている木を選びました。石正園の平井さんいわく「雪深い場所では、芽が出たばかりの若い木の上に雪が降り積もると、雪の重みで枝が曲がり、そのまま生長するので根曲がりの木になるんです」

また、山で育つ木は、日光を求めて上へ上へとのびていくため、下枝がほとんど出ません。その姿を表現するためにできるだけ下枝がない木を植えています。さらに山の風景を演出するために、長くのびた枝と枝がクロスするように植栽。これは日本庭園では普通使用しない技法をあえて使いました。

カワセミもやってくる清らかなせせらぎ

「本物の山里の川と思っているのか、鳥たちがたくさん訪れます。カワセミも頻繁にやってくるんですよ」と笑うご主人。ハトやシジュウカラが長い時間水浴びをしたりしていて、その姿を眺めているだけでも癒されると言います。家はL字型になっており、庭の方向には大きなガラス窓を設け、いつでも美しい緑が眺められるようにしています。

まるでヤマメやイワナが棲んでいるような清らかな渓流のある雑木の庭は、都会の暮らしの中で清涼感を演出してくれています。

Point

清流を好むワサビも植えて

どこまでも山里の雰囲気を求めたご主人。渓流の岩影には清流でしか育たないというワサビを植えています。このワサビは、石正園の平井さんが長野県の知り合いに持ってきてもらったもの。

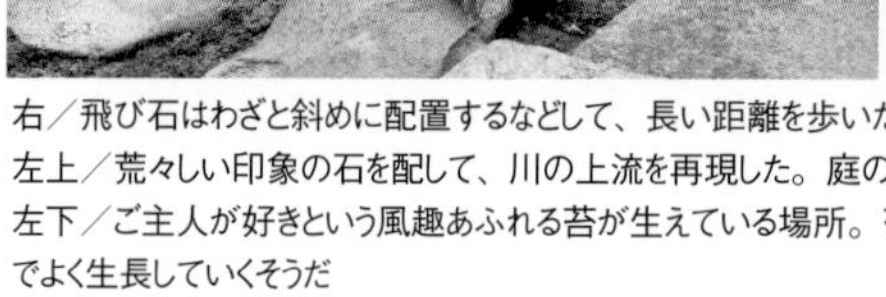

右／飛び石はわざと斜めに配置するなどして、長い距離を歩いたような錯覚を起こすようにしている
左上／荒々しい印象の石を配して、川の上流を再現した。庭の中で目を引き、ポイントにもなっている
左下／ご主人が好きという風趣あふれる苔が生えている場所。苔はよく踏みつけて植栽すると、反動でよく生長していくそうだ

大きな石の後ろに小石を置いて、山の中を流れる渓流のように仕立てた。実際には流れは穏やかだが、水が豊富に流れている様子を表している

モミジ＋アカマツ

リビングからの眺め。石組みや、樹木や苔の生える庭は、まるで山の中の風景を切り取ってきたかのような、自然で美しい景色が広がる

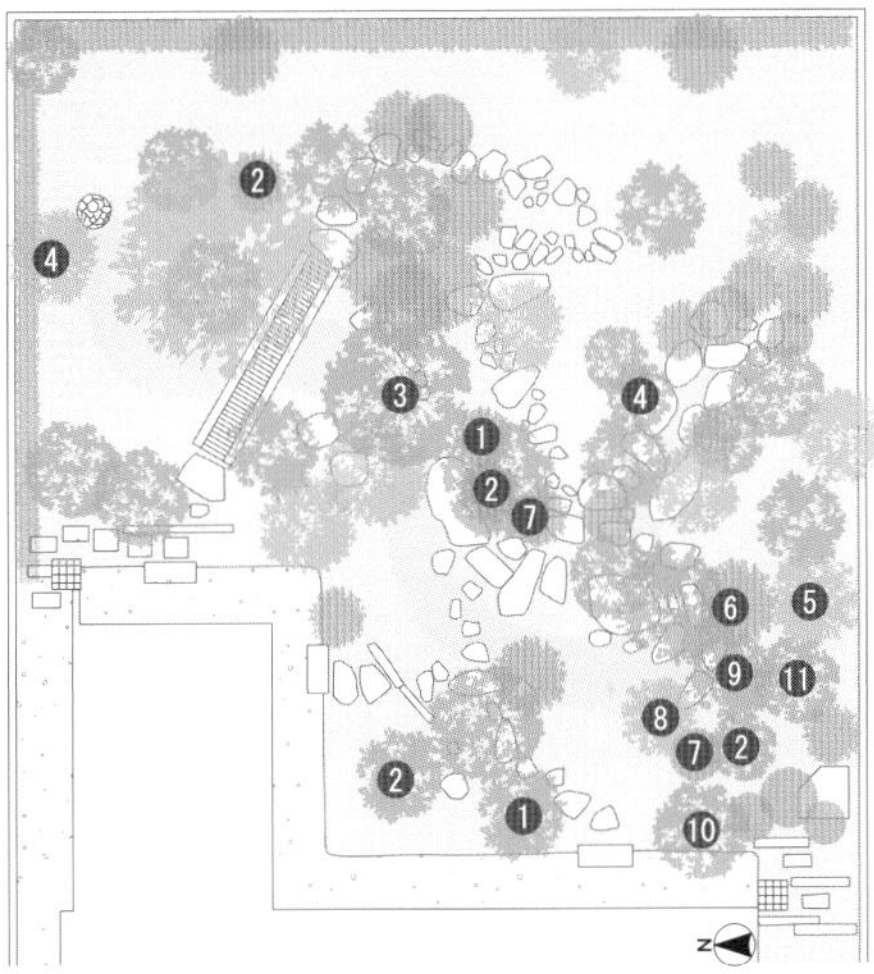

沼のイメージを出したスイレンが咲く池。かたわらにある枕木を使った橋は丹沢で見かけたものを手本にして作った。野鳥が多く飛来するので小魚のためにネットでカバー

主な中高木

❶アオダモ、❷モミジ、❸アカマツ、❹アカシデ、❺ヨシノスギ、❻アオダモ、❼アカシデ、❽アズキナシなど。

主な低木

❾アブラチャン、❿サワラ、⓫キブシなど。

主な下草

リュウノヒゲ、シダ、セキショウ、ヤブコウジ、ヒメツルニチニチソウなど。

主な資材

相木石など。

アカシデ＋アカマツ

大きな石の間から曲がって出てきているアカシデとアカマツ。自然の中を散策している時に見つけた風景のようで、ご主人が好きな場所でもある

せせらぎが気持ちいい水辺のある庭 ◆4

木々の葉がそよぎ、水がきらめき自然のエネルギーがあふれ出す

◆Aさん（茨城県）

主木

アオハダ、ヤマモミジ、シマトネリコ、アカシア、ヤマモモ

石や植物が植わり、隠れ場所がたくさんある流れのある池は、メダカやカエルが安心して棲めるビオトープとなっている

DATA

設計・施工／筑波ランドスケープ

庭の面積／ 330 m^2

どこか懐かしさを感じる自然味たっぷりの庭。もともとあった雑木林に家を建てたような趣に

高低差を生かしたビオトープの庭

山里に迷い込んだかのような景色が広がるAさんの庭。3匹の愛犬が自由に庭を走りまわっています。もともと傾斜のある敷地で、Aさんは奥の一番高いところに趣味のための小屋を建てていましたが、庭は広すぎてもてあましていました。そこで筑波ランドスケープの枝さんに「風土に合わせた植栽にし、地形を生かした自然デザインにしてほしい」と庭のリフォームを依頼しました。

高低差を巧みに活用し、自然石を使って流れと池を設け、たくさんの植栽と溶け込ませました。流れは奥の小屋の脇から始まり、石段を流れ落ちて、五行の水鉢から湧き出した水と合流して、最後は池に注がれています。池はミカモ石を組み、荒々しさを出して、山の風情を漂わせています。

周囲は池を掘ったときに出た土で盛り土をして植栽。アオダモやシマトネリコのそよぐ葉が、重い印象になりがちな石のある景色を軽やかな印象に仕立てています。池はメダカが数を増やし、さまざまな生き物が棲むビオトープとなりました。

石と植物が一体となり、エネルギーの波動に満ちあふれる空間は、自然を愛するAさんとピッタリ。愛犬も生き生きと庭じゅうを走りまわっています。

トウカエデ

池のまわりにはカヤツリグサなどの湿地で育つ植物を植栽。奥の緑は庭木でなく、隣の林を借景としている

右／池の脇に設けた飛び石。周囲にはさまざまな草花が植わり、秋には美しい虫の声が楽しめる
下／既存の御影石に新たな石を加えて、ストライプ状に敷設。直線的なラインがモダンな印象に

石段を流れ落ちてきた水と、五行の水鉢の水が合流。輝く水面と、植物の美しさが相まって、美しいシーンが生まれている

Point

各ゾーンをつないだなじませるデザイン

池の隣にあるストライプに敷いた御影石の一部を池に食い込ませるように設置。互いのデザインを少しずつ重ねることで、各ゾーン同士が違和感なくなじみます。流れるようなシーンを展開して、まとまりのある庭に。

主な中高木

❶アオハダ、❷ヤマモミジ、❸シマトネリコ、❹アカシア、❺ヤマモモ、❻ヤマグルマ、❼トウカエデなど。

主な低木

❽アジサイ‘アナベル’など。

主な下草

ギボウシ、ツワブキ、フッキソウなど。

主な資材

御影石、ミカモ石など。

小屋のある段に上がる石段。直線的なストライプのデザインとミカモ石の石積みのゴツゴツとしたラインが対照的でおもしろい

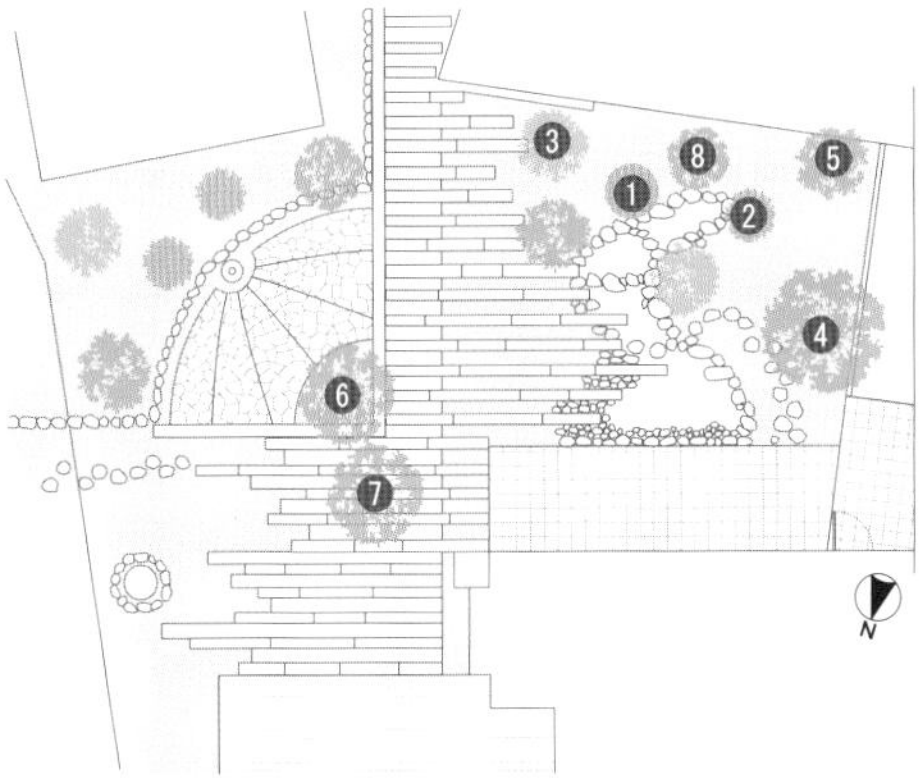

五行の水鉢から五方向に水が流れ出る。五方向に流れる水はよいエネルギーとなって庭をめぐって流れる。これは古来の風水の考えに基づいている

雑木類と石とのバランスを取りデザインが美しい庭を演出

主木
ハウチワカエデ、シラキ、アオダモ、トキワヤマボウシ

◆Sさん（神奈川県）

ハウチワカエデ＋コハウチワカエデ
既存の石と美濃石を組んで設けた池の脇にカエデ類を配して、葉のそよぎを水面に映し出す。天気のいい日は、木漏れ日が美しい

昔からある井戸の枠を使って、流れの起点に。手前を美濃石で、上部をヒメクスの葉で覆ってほど良く隠し、枠の存在感をやわらげた

池まわりを回遊して季節の移ろいを確認

直線的な構造物にやわらかなラインの雑木が映えるデザインのSさんの庭。モダンな石づかいが、この庭のインパクトを強めています。もともとは昔ながらの和庭でしたが、ト

DATA

設計・施工／トクゾウ

庭の面積／144㎡

ハウチワカエデ＋アオダモ

直線的なラインが植物のやわらかい美しさを引き立てる。雑木は、風にそよぐものをセレクトし、庭を軽やかな印象に

クゾウの徳光さんにリフォームを依頼し、今の庭になりました。

この庭で印象的なのが、雑木などの植物を引き立てている、さまざまな石。園路と池の間の立ち上がりに使った黒御影や延石の白御影、流れと池に組んだ美濃石、合間を埋める伊勢砂利……と、色や質感が違う石を巧みに組み合わせています。また、白黒の御影石の直線的なラインに合わせて、ウッドデッキのアウトラインも、庭の奥へと集結させて、庭の奥行き感を演出。さらに手前のスペースが広く感じるような効果も生まれています。

もうひとつの見せ場が、流れと池。井戸枠から流れ出た水が、せせらぎとなり、池に流れるようになっています。池には、既存の大きな石を組み直して使い、新たに加えた美濃石と合わせて、自然な趣の池ができあがりました。毎朝、流れを眺めてから出勤するほど気に入っているそうで、いずれはメダカなどの魚を入れる予定だとか。池のまわりには、そよそよとした株立ちの雑木や清楚な草花を植栽。水面のきらめきと相まって、飽きの来ない美しいシーンが広がっています。

「女性のデザイナーさんならではのソフトな雰囲気が気に入っています」とSさん。雑木のみずみずしさとやわらかさが、重厚な水場とともに引き立て合った、洗練された庭に生まれ変わりました。

ハウチワカエデ

株立ちの株元に、オダマキやギボウシ、ティアレアなどの多年草を植栽。草花のグリーンのグラデーションが面白い

Point

水辺の砂利の大きさを変える

自然の流れにも砂利や大きな石が溜まる場所があるように、水まわりの伊勢砂利は、部分的に大小固まっている場所を作り、より自然な動きを演出。

カラタネオガタマ＋ビバーナム・オノンダガ

直線的な園路の突き当たりにフェンスを設けて、物置を目隠し。グレーのペイントは、Ｓさんと徳光さんで一緒に考えて塗った色

ヒメクス＋ビバーナム‘ダヴィディー’

美濃石の流れ。斑入りのナルコランやギボウシなどを植えて、明るさとやわらかさをプラス。草姿で動きも出している

リシマキア‘ボジョレー’やノボタンなどの濃ピンクでまとめて。ルブスの黄葉やワイルドストロベリーの白斑で明るさを添えた

コハウチワカエデ＋ハウチワカエデ

池の上を懸崖《けんがい》になったハウチワカエデが覆い、自然な趣をアップ。ギボウシやリグラリアなど、リーフを楽しめる草花を植栽

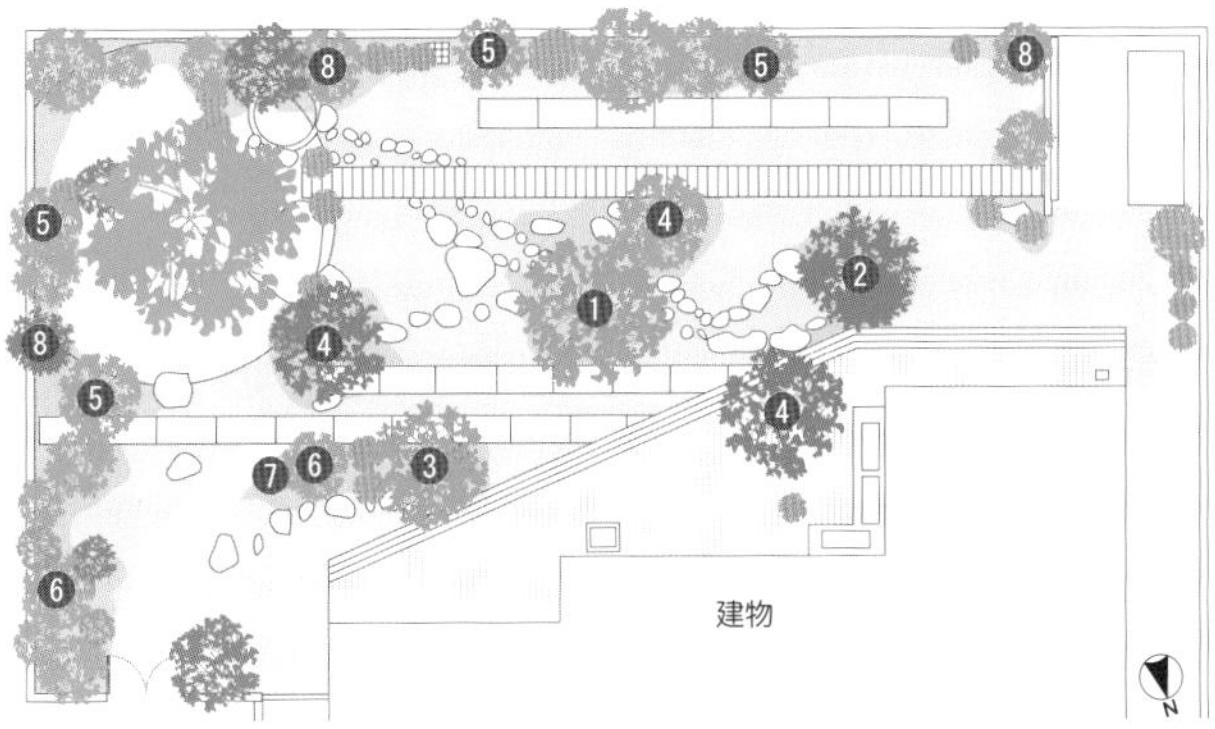

主な中高木

❶ハウチワカエデ、❷コハウチワカエデ、❸シラキ、❹アオダモ、❺トキワヤマボウシ、❻ジューンベリーなど。

主な低木

❼ブルーベリー、❽カラタネオガタマなど。

主な下草

ギボウシ、リグラリア、ナルコラン、セキショウ、ティアレア、ヒューケラ、季節の草花など。

主な資材

黒御影石、白御影石、美濃石、伊勢砂利など。

茂みを抜けた先に広がる明るい庭を水景が美しく彩る

◆山崎美子さん（愛知県）

主木

ヤマボウシ、ヤマモミジ、アカシデ、イヌシデ

シラキ＋カルミア

メダカ池と名づけた小さな池のまわりには、カルミアやアイリスなど、背の低い植物を植えて開けた印象を保っている。通風も確保できて一石二鳥

ヤマモミジ

コの字型の玄関アプローチから水鉢のまわりにかけては、ヤマモミジを植えてしっとりとした雰囲気に仕上げた。さわやかな緑が水景に映える

ヤマモミジ＋チャボヒバ

木曽石を組んだ囲いの中に古い石臼を再利用した水鉢を据えて、風情ある水場に仕立てた。竹筧《ちくけい》から水鉢に落ちる水音がすがすがしい

ご主人が好きだった山の雰囲気を表現

自宅の新築を機に庭を造ることにした山崎さん。和風の軽やかな庭にしたかったので、雑木を植えることに。ご主人（故人）が好きだった山の雰囲気を再現したいという思いもありました。

設計、施工を担当したのは輪鼓《りゅうご》装飾店の新村さん。西日を遮るために、門のそばにはアカシデ、イヌシデを植えて枝葉を密に茂らせたため、外から見ると鬱蒼《うっそう》とした印象。しかし中に入ると下枝が取り除いてあり、一変して明るい空間が広がります。開放的な庭で目を引くのが、玄関のそばから敷地の奥に向かって設けた水景。流れの起点となる水鉢は、ご主人の実家で使っていた石臼を再利用したものです。蛇行させて奥行き感を演出した水路は、コンクリートの洗い出しで、サラサラと水音を立てる浅い流れが小さな池に向かいます。

「いつも気持ちいい水音が聞けるのは最高の贅沢ですね。スズメやヤマガラがよくやって来て、水遊びしているんですよ」とうれしそうに語る山崎さん。庭を見まわって手入れしながら、さわやかな気分を満喫する毎日を送っています。

DATA

設計・施工／輪鼓装飾店

庭の面積／約125㎡

カマツカ ＋ ヤマザクラ

地面には目が細かいヒメコウライシバを、蛇行して流れる水路のそばには白い花をつけるシロバナサギゴケを植栽。開けた空間のアクセントとして、右手にヤマザクラを植えた

Point

道すがらの景色を楽しめるコの字型のアプローチ

玄関までのコの字型のアプローチは道すがらの景色を作るために、わざわざ玄関の位置を変更して実現。足元には数々の山野草を植え、やさしい景色を生み出しました。透き感のあるフェンスが奥行きを出しています。

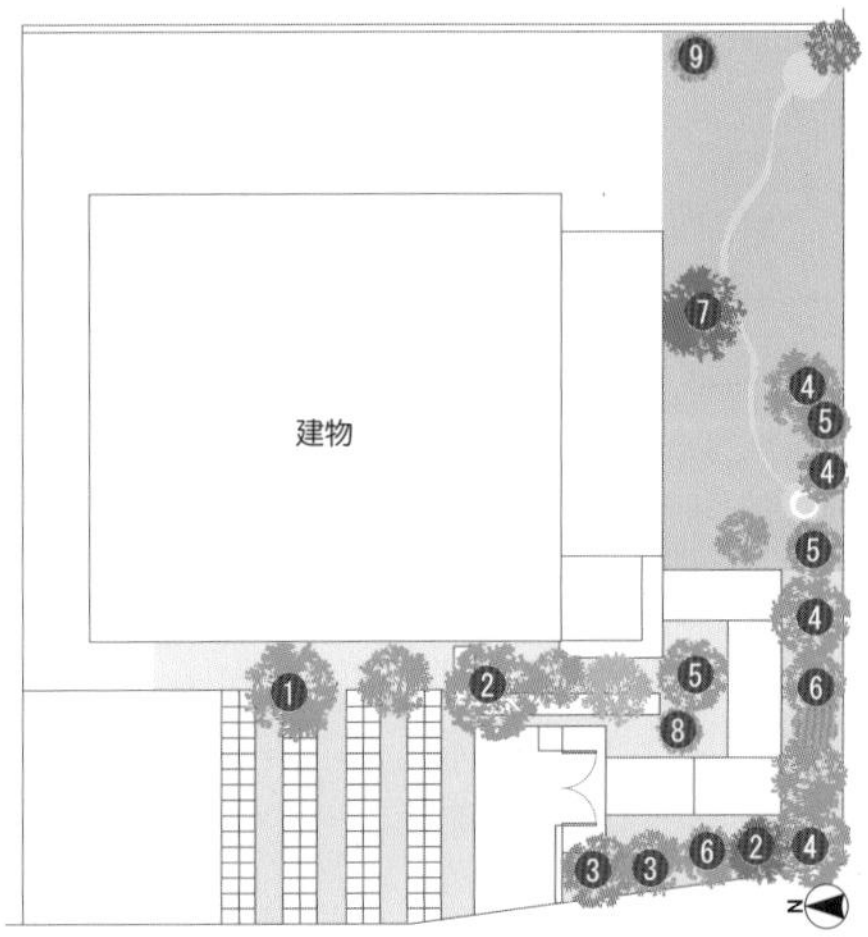

主な中高木

❶ヤマボウシ、❷アカシデ、❸イヌシデ、❹チャボヒバ、❺ヤマモミジ、❻アオダモ、❼ヤマザクラなど。

主な低木

❽ガマズミ、❾マンサクなど。

主な下草

クリスマスローズ、ギボウシ、ホタルブクロなど。

主な資材

丹波石、木曽石、手水鉢など。

ヤマボウシ + ソヨゴ

駐車場で来客を出迎えるヤマボウシ。西日がきつい環境で根づくか心配したが、去年から見事に白い花を咲かせるようになった

ハイノキ + アオダモ

門から続くフェンスのそばには、西日を遮るためハイノキやアオダモ、アカシデを植栽。いずれもくせのない樹形を選んだ

ヤマモミジ + ガマズミ

株立ちのヤマモミジは、下枝を払ってすっきりした印象に。門から歩いていくと視界が開ける効果がある。その株元には背の低いガマズミを植えてバランスを取った

わが家の庭に シンボルツリーを植えよう！

プロガーデナーが徹底解説

自分の手でシンボルツリーを植えることができます。造園家の木村博明さんに植え方を詳しく聞きました。

木村博明
（きむら・ひろあき）
1966年1月15日生まれ、千葉県出身。和風モダンな庭づくりで定評のあるガーデンプランナー＆造園家。弊社DIY雑誌「ドゥーパ!」やテレビで活躍中。木村グリーンガーデナー代表取締役。

写真・高島宏幸
取材協力・ホームセンターコーナン市川原木店

わが家の庭はどんな土？

まずは、シンボルツリーを植える前に、
その場所がどんな土壌なのか
知ることが大切です。
そして、その土壌を改良しましょう。

1 土について

植える庭の土がどんな土壌かを把握する

雑木を植えるためには、植える庭がどんな土壌なのかを把握することが大切です。これは土壌を改良せず穴を掘って植えるだけだと、思ったように成長しないことがあるからです。土がサラサラなのか、ネバネバなのか、それとも畑のようにふかふかなのかチェックします。

たとえば、関東地方の新興住宅地の場合は、庭にサラサラの山砂が使われていることが少なくありません。

とても細かい砂で、水はけが悪いわりに乾燥が早く、肥料ももってくれません。工務店が作業するときに歩いてもグチャグチャにならず、見た目がきれいで安価のため重宝されています。

しかし、山砂は植木が一番育ちにくい土です。土壌を改良しないと木は上手に成長しません（関西では、まさ土といわれる御影石を細かくしたものが多く、少し肥料を加えればいいので問題はありません）。ネバネバなのは、雨が降っても水がまったく引かない粘土質の土です。

雨が降って、すぐに表面が乾燥すれば山砂、グチャグチャになってしまえば粘土質と判断してもいいでしょう。

2 土壌改良

木を植えるエリアだけでも土壌を改良しよう！

植樹を成功させるには、山砂など適さない土壌の改良が大切ですが、庭の土を総入れ替えしようとしてもそれはとても難しいでしょう。

雑木を植える場所の土壌を変えることで随分違ってきます。気候風土などにも影響するため、すべての雑木が植えられるようになるわけではありませんが、植えられる雑木の種類の幅が広がります。

山砂は、通気性や保水性を上げるためにバーミキュライトやパーライトと、肥沃にするために腐葉土を混ぜましょう。

粘土質の土は、水持ちが良すぎてしまうので、もみ殻を焼いたくん炭を混ぜます。これで水が落ちやすくなります。

これらは一例で、地域によって土は異なります。雑木を購入する際、地元のホームセンターや園芸センターで相談するのがベストでしょう。

3 除草

雑草を処理してからプランニングする

土壌改良とともに大切なのが雑草の処理です。新しい庭であれば雑草が一本も生えていないこともありますが、長年住んだ庭や中古物件などの庭は雑草が生い茂っていることも。除草してから植樹します。

これは雑木を植えてからだと使えない除草剤があることと、どこにどんな雑木を植えるのかプランニングする際、雑草が生えている状態だとアイデアが浮かびにくいからです。

手で抜いてもかまいませんが、広範囲であれば除草剤を使うといいでしょう。除草剤を使うことに抵抗のある方もいるかもしれませんが、最近のものは随分と改良されています。

例えば、「ラウンドアップ」。葉から吸収して根まで枯れていきますので、葉が生い茂っていればいるほど効果があります。散布して1週間すれば雑草のすべてが枯れます。そのとき、土に落ちた成分は、土の粒子に吸収され、微生物のエサになって自然界に分解されるので害はありません。

除草剤の中には、芝生には効かないで、クローバーやドクダミなどの雑草だけ枯らす除草剤もあります。

除草剤を使う場合は、雑木を購入する1週間くらい前に散布しておくのがいいでしょう。

山砂

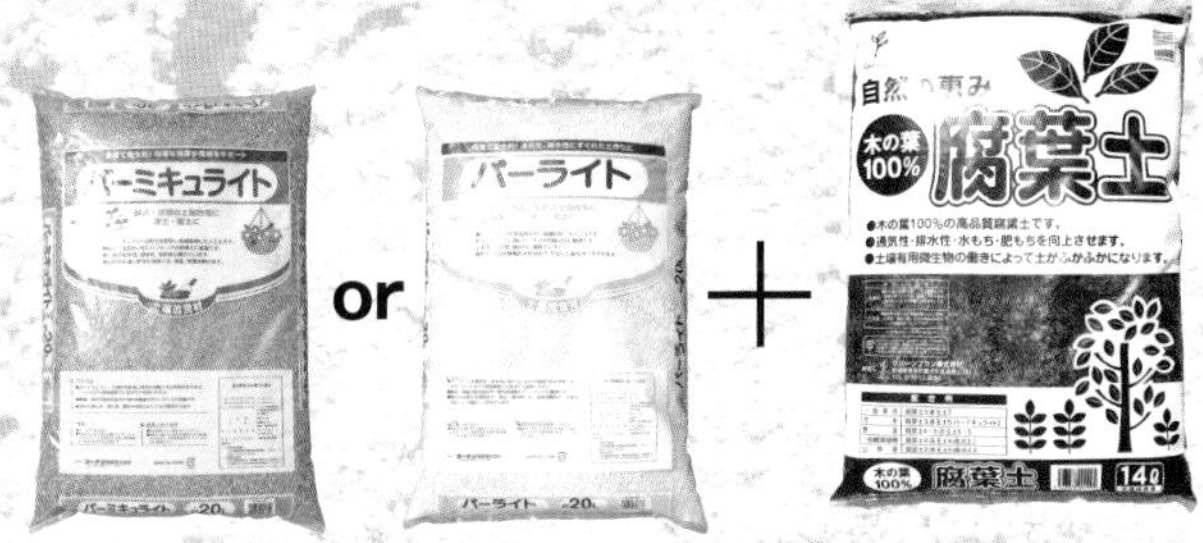

山砂には、腐葉土とバーミキュライトやパーライトを混ぜることで、保水性が高まる

粘土質

粘土質の土には、くん炭を混ぜることで水の浸透がよくなる

自然にもやさしいといわれる「ラウンドアップマックスロード」

シンボルツリーの選び方

ホームセンターや園芸センターなどで
シンボルツリーを購入します。
すぐに枯れてしまう木を選ばないよう
慎重に選びましょう。

1 適材適所

その土地の気候に適した木を選ぶ

どんな庭にしたいのかで選ぶ雑木は違ってきますが、植えたくても、植えられない雑木があります。

雑木には北限、南限があり、潮風がダメ、都会など熱がこもるのがダメ、乾燥がダメなどさまざまで、地域によって限定されます。

雑木は葉が薄く、意外とデリケートなので、慎重に選びましょう。

例えば、シラカバは北海道など寒冷地に適していて暖かい地域では育ちませんし、シマトネリコは寒いのが苦手で、関東でも北の地域では上の葉が落ちてしまいます。

寒さに強くて暑さに弱いのはヒメシャラ、ライラック、シラカバ。日本のどこでもだいたいいけるのが、ヤマボウシやモミジ。暑さに強くて寒さに弱いのが、オリーブやシマトネリコなどです。

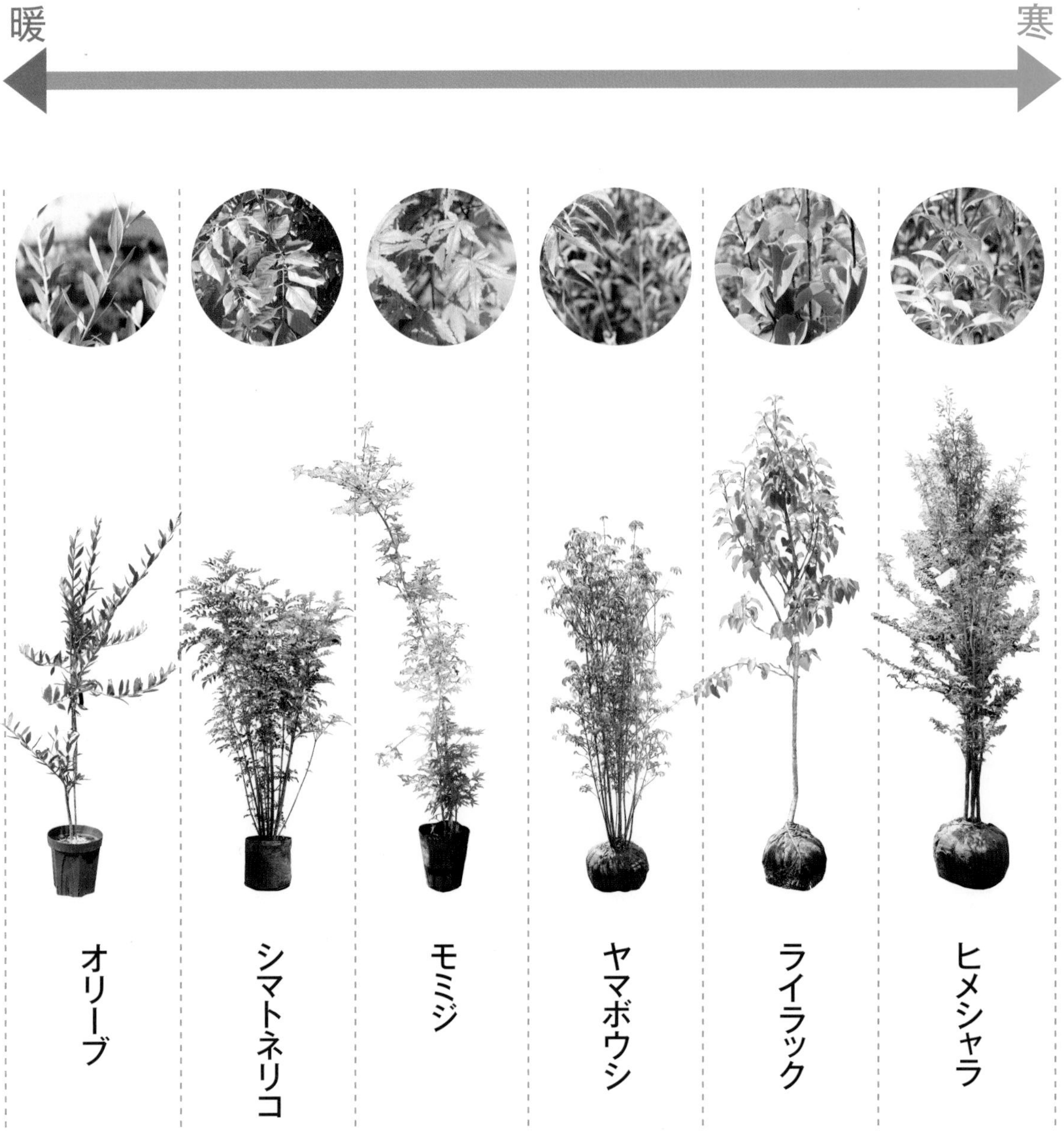

2 チェック法

根、株、枝（葉）、高さを詳しくチェックする

ホームセンターや園芸センターには、大小、いろいろな種類の雑木がそろっています。基本的に、その地域に置いてある木は植えられますが、長生きしないこともあります。自分の目で根、株、枝（葉）、高さをチェックしましょう。

Check 1 根 しっかり根付いているかをチェック！

まず根の状態をチェックします。根は栽培専用の布（繊維）ポットに入っていたり、麻布で根巻きしていたり、プラスチックやゴムのポットなどに入っています。これを根鉢といいます。

ここで、根があらわになっている木は避けましょう。土の中にいるはずの根が、風や日光を直接受け、傷んでいることがあります。いくら水をやっていてもすぐに乾燥してしまいます。理想の順番は、布ポット、麻布の根巻き、プラスチックやゴムのポットです。

同時に根がグラグラしていないかも見ます。根がしっかりついていると、グラグラせず、上まで根があふれていたり、根鉢のすき間から根が飛び出ています。

Check 2 株 雑木には本株と寄せ株がある

雑木には本株と寄せ株があります。本株とは切り株の台があり、そのワキから茎が出ています。

元々一つの株から分かれたものなので丈夫で、同じタイミングで花が咲きますし、葉張りや色に違和感が出ません。ただ少し高価です。

一方、寄せ株は小さいときに株を合わせて一つにしたものです。もともと別の木なので、突然一本が枯れてしまうこともありますし、花の咲くタイミングが違うこともあります。ただ、手頃な値段で購入できます。

ゴムポット

布ポット

布ポットや麻布の根巻き、ゴムポットなどに入っているものを選ぼう

根がむき出しになっているものは傷んでいる可能性がある

麻布の根巻き

根がグラグラしているものは避ける

根が上まであふれているのは根付いている証拠

布ポットの縫い目から根が飛び出ている

株を集めた寄せ株

台があるのが本株

背面

側面

正面

正面、側面、背面から見ても枝、葉がしっかりしている

背面

側面

正面

△ 正面からは枝、葉がしっかりしているように見えるが、側面、背面から見ると、枝、葉がないことがわかる。壁の前に植えるときなどには有効

Check 3 枝(葉)

全方向から枝(葉)ぶりをチェックする

モダンな庭にしたいときはスーと細かい枝がきれいにのびたものを選び、里山っぽくしたければ、斜めに枝がのびたものがいいでしょう。求めるスタイルに合わせて選びます。

注意するのは、ホームセンターの通路から見える面だけで決めないこと。横や背後から見てみると、枝や葉がない木があります。

壁を背にして植えるなら適していますが、いろいろな角度から雑木を観賞したいなら、枝や葉が全体的についている木がいいでしょう。

また、太い幹や枝が中で絡み合っているものは避けましょう。特に寄せ株などは間隔を取らずに無理に株を寄せてしまっているため、互いの枝が絡みやすく、将来、ケンカして育ちが悪くなります。

葉が枯れてしまっていたり、葉の少ない木は避けましょう。

枝が絡んでいる木は避ける

雑木選びの他に知っておきたいポイント

除草剤

基本は手で、広範囲なら除草剤

67ページでも紹介しましたが、安全な除草剤も出ています。基本的には手で抜きますが、広範囲のときは除草剤を使います。粉ではなく液体や薄めてあるものが使いやすいでしょう。

除草王
1180円(2ℓ)
除草剤。薄めてあるため、そのまま使える

ラウンドアップ マックスロード
1980円(500ml)
除草剤。雑草によって薄める濃度を変えて噴霧器で散布すると草が枯れる

支柱

杭を打つことで雑木が倒れない

雑木は細くしなるので、倒れたり、折れたりすることはありませんが、心配ならば根がしっかり張るまで支柱を打っておくといいでしょう。※詳しくは75ページ

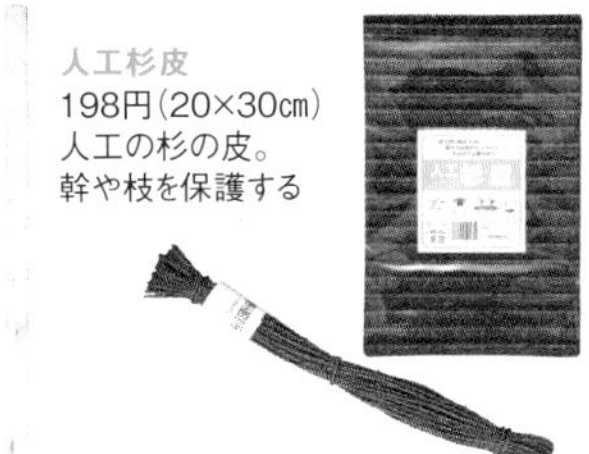

人工杉皮
198円(20×30㎝)
人工の杉の皮。幹や枝を保護する

白杭　390円
(φ5×150㎝)
雑木などを支える棒

シュロ縄　148円
(2㎜×20m)
シュロの縄。材を固定するときに使う

害虫駆除

予防と駆除で害虫を退治する

虫のつかない雑木はありませんか？　とよく聞かれます。「虫のつきにくい雑木」として売っているものもありますが、それしか食べないイモムシがいます……。

ここは割り切って目立つか、目立たないか、かぶれるか、かぶれないかで選んだほうがいいでしょう。

まず予防剤としてオルトランDXがあります。植えるときにまいておくと、成分を吸った葉を食べた小さな幼虫が死にます。

それでも、害虫が発生してしまったら、害虫駆除剤を噴霧器でまめにかけましょう。人間の体に害の少ないディプテレックスがおすすめです。

鉄砲虫（カマキリの幼虫）が、モミジなどの幹を食ってしまった場合は、薄めた薬をスポイトで穴の中に入れ、ガムなどでフタをします。穴に充満したガスで殺虫します。

ディプテレックス
548円(100ml)
庭の毛虫専用防除剤

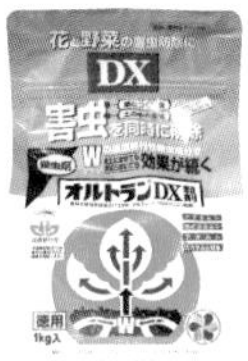

オルトランDX粒剤
1080円(1kg)
葉を食べる、土の中にいる害虫を駆除する

肥料

**あげすぎに注意!
強すぎない肥料を選ぶ**

山砂のような肥料のもたない土に木を植えるときは、土に肥料を混ぜます。（植えてからの追肥は、匂いが強いので、穴を掘って行なうといいでしょう）

チッソ、リン酸、カリウムがバランスよく入っている肥料で、袋に明記された数字が10を超えないものを選びましょう。14、20などあまりに強すぎると根が腐ってしまいます。

雑木はあまり肥料をあげすぎると、木が徒長してしまいます。ちょっと足りないくらいがちょうどいいでしょう。

マグァンプK
680円(600g)
緩効性の元肥。土に混ぜるだけの肥料

配合肥料
698円(5kg)
チッソ、リン酸、カリウムを配合した肥料。表示される数字が高くなるほど成分が強くなる

たい肥
398円(20ℓ)
肥料。匂いがきついので、土の中に埋める

土壌改良

植樹に適さないやせた土を改良する

66ページで紹介したように、雑木を育てるのに適さない土壌を改良します。

浸透を良くする

くん炭
398円(14ℓ)
もみ殻を焼いたもの。通気性に優れている

ふかふかにする

腐葉土
348円(14ℓ)
木の葉が微生物などによって分解させ土状になったもので、土に混ぜるとふかふかになる。通気性、排水性、保肥性に優れている

通気性、保湿性を上げる

バーミキュライト
698円(20ℓ)
鉱石の蛭石(ひるいし)を粉砕し高温処理した人工土。保水性、通気性、保肥性に優れている

パーライト
698円(20ℓ)
真珠岩を粉砕し高温処理した人工土。通気性、排水性に優れている

購入時よりも地面に植えると根鉢の分だけ低くなる

Check 4 高さ

根鉢の分だけ低くなることを考慮して選ぼう

木を購入するとき高さにも注意します。購入時、根鉢は地面の上にありますが、実際は土の中に埋めてしまうため、根鉢の分だけ低くなります。え、こんなに小さかった？　となるので、考えて購入しましょう。

葉が枯れているものは避けよう

※価格は取材時の関東のホームセンター、編集部調べ

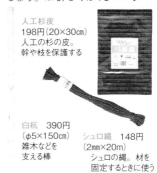

はじめてでもできる！ シンボルツリーの正しい植え方

ヤマボウシを庭に植えましょう。丁寧に説明しているので、手順が多く難しく感じるかもしれませんが、とても簡単です。

ヤマボウシ（本株）
3980円で購入

1 除草する

植える場所を除草する

まず庭の雑草を除去します。少なければ手で、広範囲であれば、前もって除草剤を散布して除去しておきましょう。

2 仮置きする

植える位置を確認するために仮置きする

頭の中で植える位置をイメージしただけで穴を掘り出すのではなく、植える予定の場所に木を置いて、どんな感じになるのかを確認します。

ポイントは、自分が雑木を眺めたい角度で見てみること。そのとき、根鉢の分だけ雑木が低くなることを忘れないようにします。

下が安定していないときは、根鉢の下に木などを挟んで垂直にします。

今回は、庭からと家（ウッドデッキ）から眺められるようにしました。ヤマボウシも全体的に枝と葉がついたものを選びました。

3 根鉢をふちどる

掘る場所が分かるように根鉢の周囲をふちどる

植える場所が確定したら、根鉢の周囲をスコップなどでふちどりしておきます。その2、3まわり大きいのが掘る穴の外周になります。

4 穴を掘る

根鉢よりも2まわり&10㎝深く垂直に掘って円柱状にする

木をどけて穴を掘ります。円の広さは3で書いた円の2まわり大きく、深さは根鉢の高さよりも10㎝ほど深くするのが目安です。

根鉢にスコップを当てて高さを測り、穴の底に当てながら10㎝ほど深く掘れているかをチェックします。広さについてもスコップを使うといいでしょう。

垂直に掘り進みます。中心だけ掘っていき、いわゆるすり鉢状になると、根鉢が動かせなくなります。その点、円柱状になっていれば場所が気にいらない場合に微調整できます。掘った土は穴の横に盛っておきます。

スコップで、根鉢の高さと幅を測り、垂直に掘っていく

根鉢よりも10㎝深く、2まわり大きいか確認する

このように円柱状に掘る

すり鉢状に掘ってはいけない

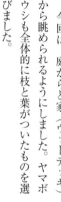

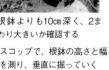

5 土を改良する

掘り起こした土にバーミキュライト、腐葉土、マグァンプKを混ぜる

山砂の土を改良します。掘り起こした土に、土の3割くらいのバーミキュライトと腐葉土（熱を持つのであまり入れすぎない）、そして、マグァンプKを適量（今回の写真の土の量では手のひらに1杯くらい）をかぶせ、上下を繰り返しながらしっかり混ぜます。

腐葉土などを穴の底にそのまままくのではなく、掘り出した土に混ぜることで、土を戻したときに、根全体に改良した土が行き渡ります。

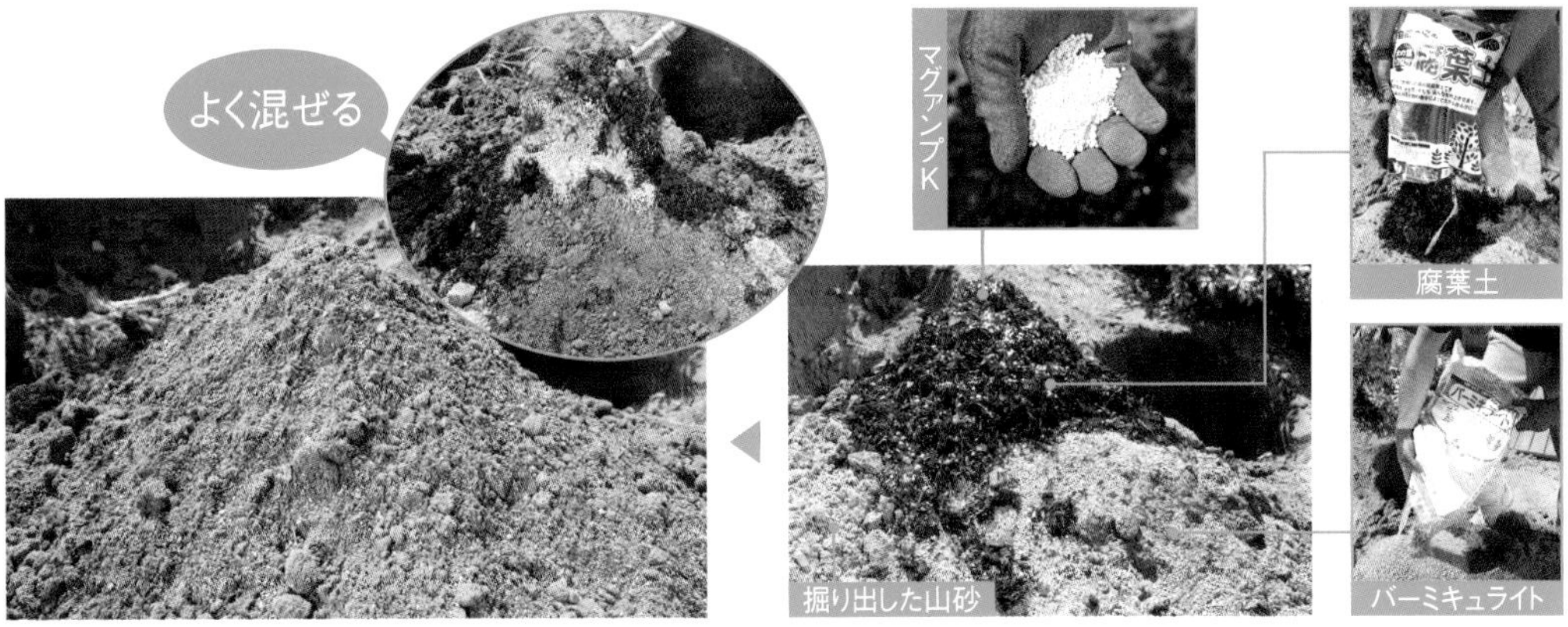

6 木を入れる

改良した土を10㎝くらい戻し木を穴に入れる

木を入れたとき、ちょうど根鉢が地面と同じ高さにくるように、深く掘っておいた10㎝分の土を穴に戻します。木を入れて確認します。深すぎると酸素が入らなかったり、浅すぎると木が倒れてしまいます。

また、根鉢の麻布とシュロ縄はいずれ腐るのでそのままでOK。布ポットは根を傷めないように注意して数カ所切り込みを入れます。ただ、ゴムポットやビニールのひもなど自然に分解されないものは取り外しておきます。

土を入れて深さをチェックする

7 正面を決める

一番美しい向き（正面）を決める

雑木にも顔があります。顔（正面）がどこを向いているのか、一番美しい位置を確認します。葉がたくさんあって木の幅が広いのが正面です。

背の高い枝や太い枝が、奥にくるようにすると、樹形のバランスが良くなります。

家（ウッドデッキ）から

庭から

見栄えのいい位置を探す

8 土を入れる

根鉢の肩の高さまで土を入れる

根鉢を埋めていきます。目安は根鉢の肩（株の少し下）くらい。このとき、次の手順で入れる水が決壊しないように、一番低い場所に土でせきを作っておきます。

水が漏れないようにせきを作っておく

9 水を入れる①

根鉢にかからないように水を入れる

水を入れます。「水決め」といいます。株の上から入れると根鉢が崩れてしまうので、まわりから入れます。

水を使わずに土を少しずつ埋めて棒で突き詰める「土決め」もありますが、おすすめは水を入れる水決めです。根が乾燥することがありません。

株のわきから水を入れる

10 水を入れる②

木を揺すり、根底に水を入れて、すき間をなくす

水を入れたらすぐに木を前後左右に揺らし、根鉢の底まで水を行き渡らせます。

これは、根鉢と土の間に空気の層があると、根がのびることができないから。水を入れることで、水とともに細かい土の粒子が根底に流れてすき間を埋めてくれるのです。

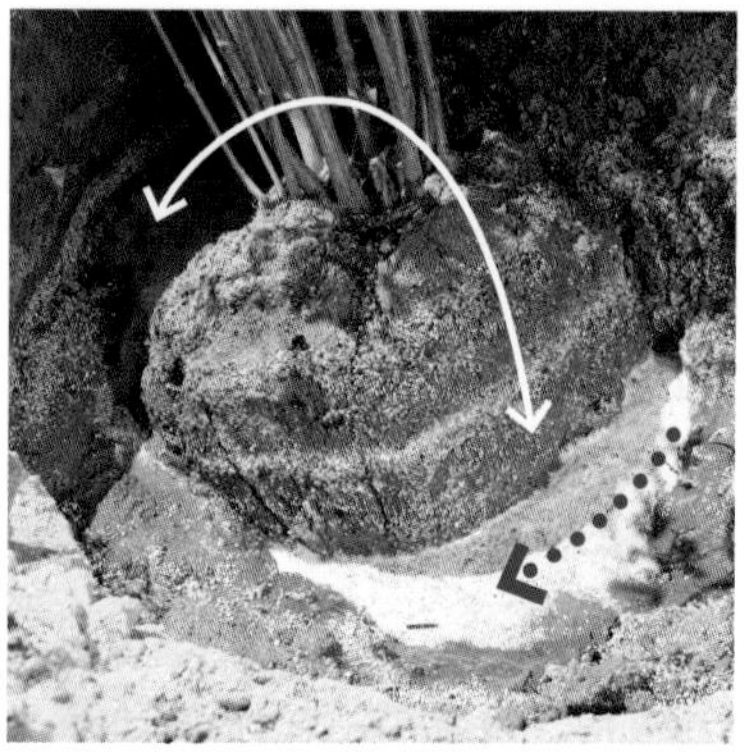
木を動かして根底に水を入れる

11 垂直にする

遠くから垂直（目標の角度）を確認する

遠目から木が垂直になっているかチェックします。ここで焦ることはありません。少し傾いていても根鉢の底に水がまだあるので、簡単に動かせます。

今回のように基本は垂直ですが、設計プランに合わせた角度になっているかを確認します。

プロはわざと斜めにすることもあります。たとえば、斜面に木を植えるときは、少し前屈みに植えます。すると、木が上にのびて面白い樹形になります。（購入するときにそうなりやすい株を選びます）

傾いている

調整する

垂直にする

12 土手を作る

残りの土を穴に入れて、周りに土手を作る

垂直が決まったら、残りの土を根鉢の上にかけ、まわりに土手（水鉢）を作ります。土が緩い場合は、土手の外側をスコップで叩いて固めます。

ペタペタと土手を固める

13 土をしめる

土手（水鉢）の中に水を入れて、土をしめる

土手（水鉢）の中に水を入れます。これで、細かい土の粒子が水とともに流れて土が締まり、木が倒れにくくなります。

2、3日に1回、水をかけてあげればいいでしょう。山砂はすぐに水を吸ってしまうので、水鉢に水を貯めていてもいいですが、粘土質の土などは改良しても水が貯まりやすく、ずっと貯まっていると根が腐ります。長時間しても減らないときは、やりすぎに注意します。

最後に水を入れる

14 剪定する

木のために絡み枝を剪定する

ほぼ完成ですが、見栄えをよくするために枝を剪定します。次のページで詳しく説明しますが、先端ではなく元から枝を切ります。

木の中心を向いている枝、絡み枝を切っていきます。この枝は中に入って将来育ちません。いずれ枯れてしまう枝を剪定します。外に向いている枝も切っていきます。

そもそも木を植えるときは根がいじめられている状態なので、葉を減らすことでできるだけ水分を摂る量を減らしてあげるという狙いもあります。林から掘り出してきた場合などは、負担を軽くするために3割くらいの枝を切ります。そうしないと木が弱ってしまいます。

また、剪定することで、木が「こうしちゃいられない」と、新芽を生やしてきます。

もったいないと思うかもしれませんが、枝が生えているほうが木には負担になってしまうのです。

15 完成！

16 支柱を入れる

倒れないように支柱を入れる

雑木はしなるので折れたり倒れることはあまりありませんが、風が強かったり植樹して根付くまで心配ならば、支柱の杭を打ち込んで枝を固定しておきます。

木は、枝の先がのびていくので、枝の途中で留めても成長に影響はありません。シュロ縄や杉皮は、自然と腐ります。

斜めに杭を打つ

枝(や幹)に縄がくいこまないようにするため、杭に当たる部分に杉皮を巻く

杉皮で巻いた枝をシュロ縄で杭に留めていく

支柱の根元の土を突き固める

美しく仕上げる シンボルツリーを剪定しよう！

せっかく植えたシンボルツリーも、放っておくと無残な姿になってしまいます。美しい樹形を目指して剪定しましょう。

剪定の意味と時期

肥大させず、風通しを良くする花が咲いてから1カ月以内に剪定

剪定するのにはふたつの理由があります。まず、雑木が大きくなりすぎて、邪魔になる、日陰になる、風通しが悪くなるためです。次が樹形、つまり見た目です。ここに枝があると奥の幹が見えなくなってしまうなど、美しい形にしていくためです。

剪定は、花が咲いてから1カ月以内に行なうのが無難です。

剪定する枝の見分け方

内側&上方に向いている枝を切るのが基本

いったいどの枝を剪定したほうがいいのか、アマチュアにはちょっと難しいかもしれません。基本としては、内側に向いている枝と上に向かってのびている枝を剪定します。

代表的なものは、下のイラストにある12の枝。枝同士が絡んだ絡み枝、花芽をつけないで真っ直ぐ上にのびた徒長枝、三方に広がった三つ又、株元から生えたひこばえなどです。いずれも枝元から切ります。

BEFORE

枝と葉が生え放題

▼

AFTER

剪定してスッキリ！

剪定する枝

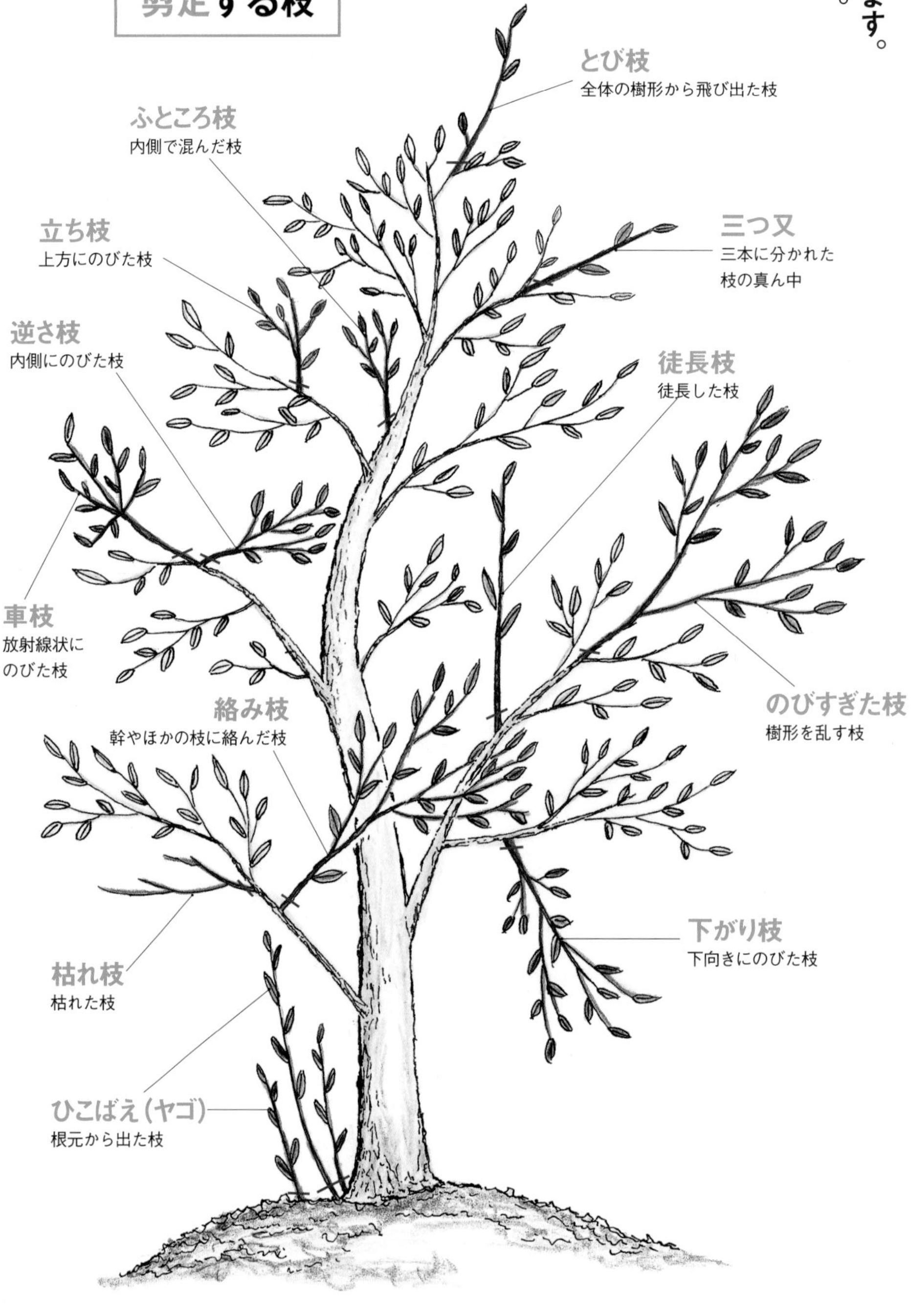

ハサミで枝を切る

斜めにハサミを合わせ、切りながら下へねじる

　細い枝は普通に切ることができるが、少し太い枝を切るときは、コツを覚えておくと簡単に切ることができます。

1 枝に対して斜めに刃を合わせる

枝に対して斜めにハサミをセットする。刃先ではなく、刃元まで入れる

枝に対して垂直に刃を合わせて切ろうとすると力がいる

2 切りながら手を下へ動かす

そのままでも切ってもOKだが、刃の向きを変えないように、手を下（小指方向）へ動かすと、より楽に切ることができる

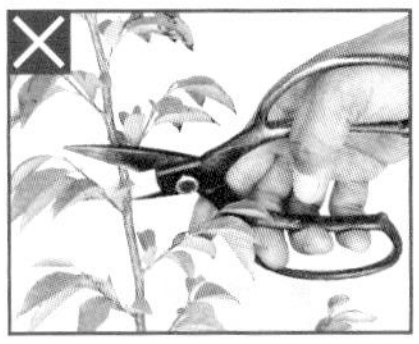

切るときに刃の面が変わってしまうと切れないし、ハサミが傷んでしまう

道具

植木&剪定バサミ、生木用のノコギリを使う

　剪定に使う道具は、植木バサミ、剪定バサミ、生木用のノコギリです。剪定バサミは非力な方でも太い枝を楽に切ることができます。

　木工用のノコギリは刃の目が細かいため、すぐに木くずが詰まってしまいます。生木用のノコギリを用意しましょう。

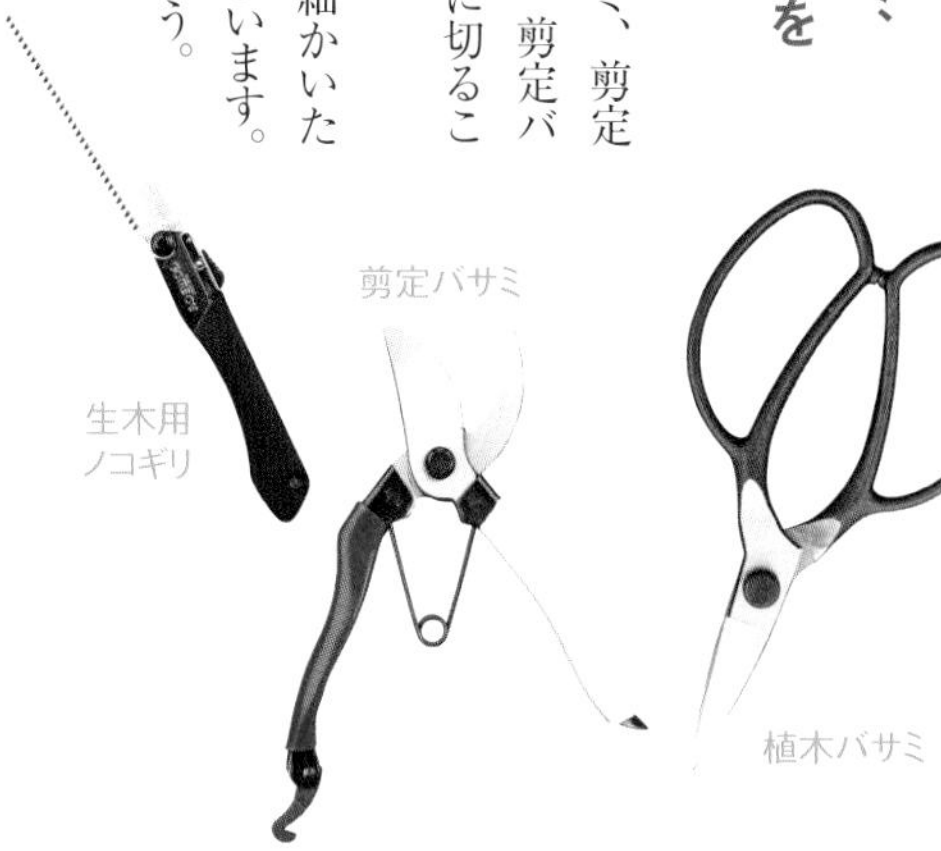

脚立の使い方

脚の下に板を挟んで同じ高さする

　高い木を剪定するときに使う脚立は、使い方を間違えると転落して大ケガに。特に四本脚の脚立は、すべてが同じ高さでないといけません。段差があるときは板を挟みます。デコボコしている場所など難しい場合は、プロに依頼したほうがいいでしょう。

段差があるところは、板などを挟んで安定させてから使う

ノコギリで枝を切る

下から枝の3分の1を切り、幹寄りの部分を上からゆっくり切る

　太い枝や幹はノコギリを使う。枝の上から切り進むと、途中で枝の重さで枝が裂けてしまい、切り口が傷ついてしまいます。切り口から芽吹かしたいときは、付け根を残します。（下の手順は付け根を残さない場合の例）

1 切る位置から3cm離れた場所を、下から3分の1まで切る

枝を切る位置から2〜3cm（太い枝はもう少し）離れた場所を、枝の下から3分の1まで切る

2 切る位置を上からゆっくり切る

切る位置の上から、枝に対して垂直にゆっくり切り進む

途中で枝の重さに耐えきれず、①と②の間で裂ける

3 そのまま最後まで切れば完了!

手順2の方向にそのまま切り進めれば完了。きれいな切り口になる

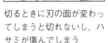

シンボルツリーを際立たせる！

レンガワーク基本の「き」

レンガを使った花壇、アプローチ、フェンスによってシンボルツリーを際立たせることができます。レンガを切る、敷く、積む、張るなど基本のテクニックを身に付ければ簡単にできます。木漏れ日の美しい庭をさらに美しくしましょう。

Technique of the Brick Work
BASICS

準備編　好みのレンガを選ぼう　レンガの種類

建設材料からガーデン資材まで、幅広く使われるレンガには、さまざまな種類があります。

一般的には、高さがあって穴や窪みがあるタイプが積みレンガ、長さも幅も普通より長く広く高さが低いレンガが敷きレンガといわれます。

レンガといって真っ先にイメージする国産の赤いレンガは、敷きでも積みでも使うことができます。

個人の好みでデザインや大きさを自由に選ぶといいでしょう。

準備編　作品が多彩になる　セメント&モルタル

セメント

左官作業で中心となるモルタルのベースとなる素材で、接着剤の役目をする資材です。水で練って置いておくと化合して硬く固まります。

セメントだけでは十分な強度が得られないので、ほとんどの場合、砂（骨材と呼ぶ）を混ぜてモルタルとするか、砂とコンクリート用砂利を混ぜてコンクリートとして使用します。

セメントだけを水で薄めて練ったもの

国産赤レンガ
レンガの基本とされる赤レンガ。左から半マス、基本、ヨーカン、ハンペン

穴あきレンガ
鉄筋を差し込む穴のある積みレンガ

プチブリック
普通のレンガの半分の大きさのレンガを削ってこぶしよりも小さく仕上げたレンガ

オーストラリア製積みレンガ
窪みにモルタルを盛って積む、昔ながらの積みレンガのタイプ

乱張り石
不定形の平板。アプローチや庭のテラスに使う

輸入敷きレンガ
高さに比べて幅が広い、長敷きレンガ。近年種類も豊富になった

はノロ（セメントペーストやトロ）と呼ばれ、すき間や表面の補修に使われます。

モルタル

庭づくりのDIY左官で中心となる資材。セメントに砂を入れて混ぜたものに、水を加えてよく混ぜたもの。水を加えないものは空練りモルタルと呼ばれます。

セメントと砂の配合は、セメント1に対して砂が3の配合。この1対3の比率は、重量ではなく容積です。つまり、セメントをバケツ1杯に対して砂をバケツ3杯ということになります。

モルタルは、それ自体を構造物の資材として使ったり、レンガ積みや基礎、目地など広範囲に活用できます。

使用箇所によって水の量を加減すればモルタルのかたさを調整することができます。水を配合するだけという製品も市販されています。

コンクリート

モルタルにさらに砂利を混ぜたもの。配合比率はセメント1、砂3、砂利6です。建築用資材として鉄筋と組み合わせて使われることが多く、大掛かりな施工で使われます。

また、モルタルを主体とするエクステリアでは、作品の強度を高めたり、自由な造形を作るために、鉄筋やワイヤーメッシュ、金網、それらを束ねる番線（1㎜なまし線）などが使われます。

基本となる資材が砂とセメント。セメントは袋に普通ポルトランドセメントと明記されたものを選ぶ

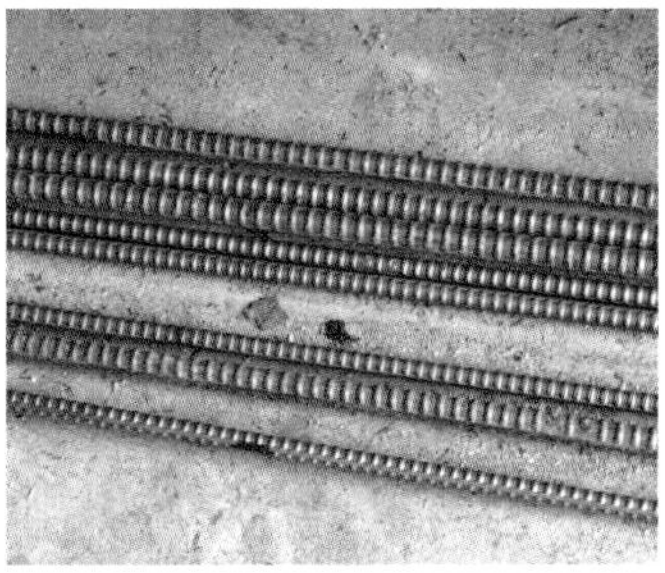
表面にリブのついた異型鉄筋。太いものが13㎜径、細い方が10㎜径

モルタルの作り方

1 セメントと砂をかき混ぜる。トロフネ（トロ箱）、レンガゴテ、練りクワなどを用意する

2 トロフネにセメント1、砂3の容積比率で入れ、よく混ぜ合わせる

3 セメントと砂が完全に混ざるまで丹念に混ぜることが大切

4 全体の3割程度の水を混ぜる。一度に全部混ぜず、少しずつ水を足しながら混ぜる

5 練りクワに持ち替えて、ていねいに混ぜる。だまなどができないように、様子をよく見ながら混ぜる

6 しっかり混ぜれば完成。一度に使う量が多くなるような場合や、コンクリートのように骨材が増える場合、大きなトロフネを使用する

モルタル・コンクリートの配合例

※少しずつ水を足しながら混ぜる

	セメント	砂	砂利
モルタル	1	3	不要
目地モルタル	1	2	不要
セメントペースト（ノロ）	1	不要	不要
コンクリート	1	3	6

準備編

美しく仕上げる 道具を準備する

レンガワークの基本的な道具は、モルタルを作るためのトロフネ（バケツ）と練りクワ、塗るためのコテとコテ板、レンガを切断するためのディスクグラインダー、平タガネ、ハンマーが必要になります。さらに、タンパー、水平器、ゴムハンマーがあるときれいに仕上がります。

最初から道具をすべて揃えるのは難しいので、ほかのもので代用したり、自分で作ったりしながら徐々に増やしていきましょう。

また、汚れてもいい服はもちろんですが、軍手や帽子も必要です。重いレンガを運ぶ場合は、腰痛防止ベルトもあるといいでしょう。

レンガを切る場合は、粉じん防止のマスクやメガネを準備しておきましょう。ホームセンターで手に入れることができます。

コテ

コテはモルタルを使いこなすために欠かせない道具です。さまざまな種類のコテが出ていますが、自分の作業で必要な基本的なコテを揃えておけばいいでしょう。

レンガを積む作業では、ブロックゴテ、レンガゴテ、目地ゴテが必要です。大中小のサイズがありますので、使いやすい大きさを選びましょう。特にブロックゴテは、レンガを積むときに、モルタルを帯状にすくいとって、レンガの上に並べていくのに適しています。

塗り作業では、塗りゴテとコテ板がセットになります。

敷き作業では、ペイビングのための基礎を作るためのナラシゴテ。地面を細かく成形するときにはネジリガマが活躍してくれます。

Technique of the Brick Work BASICS

モルタルを作る道具

バケツ
モルタルなどを練る

トロフネ
モルタルなどを練るときに使用。用途に応じていろいろサイズがある

練りクワ
セメント、砂、水などを混ぜるためのクワ

レンガを切る道具

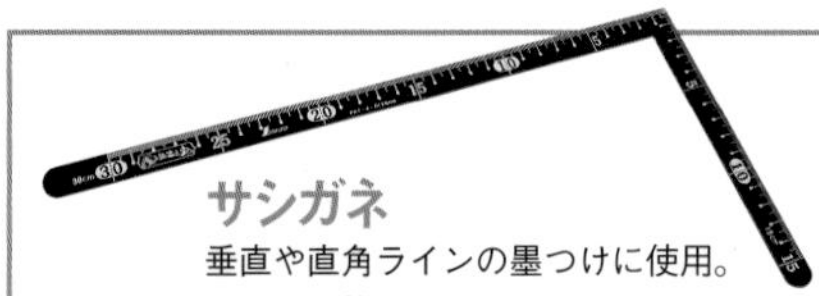

サシガネ
垂直や直角ラインの墨つけに使用。同時に距離も測ることができる

平タガネ
レンガを加工するときに使用

ディスクグラインダー
ダイヤモンドカッターや切断砥石用のディスクを装着することで、レンガ、ブロックの切断、研磨、サビ取り、金属などの切断などさまざまな作業が可能だ。サンディングディスクを使えば、木材を研磨できる

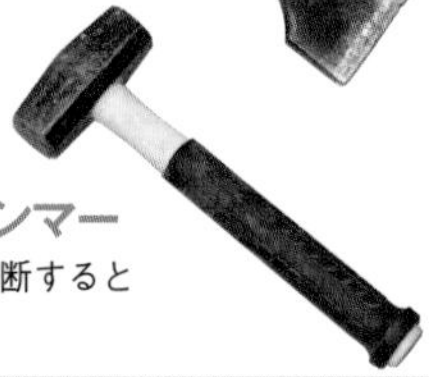

石工ハンマー
レンガを切断するときに使う

水平にならす道具

タンパー
地盤をしっかりと固める道具。手作りしてもいい

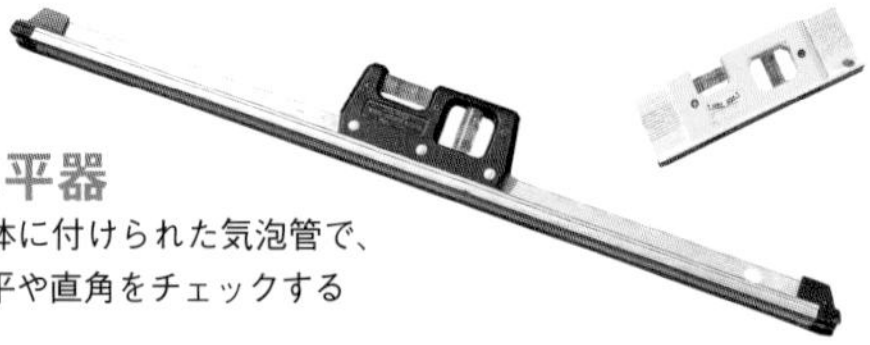

水平器
本体に付けられた気泡管で、水平や直角をチェックする

ゴムハンマー
石材の高さの微調整などに使用

主なコテの種類

塗り作業は塗りゴテとコテ板がセット

ナラシゴテ
モルタルやコンクリート面を押さえてならす網状のコテ

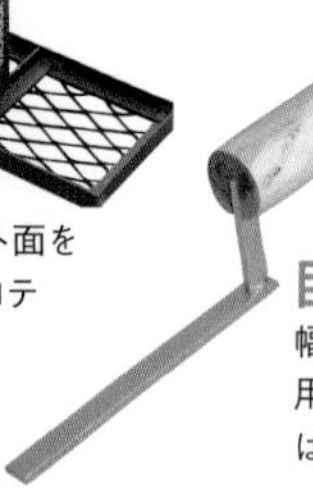

目地ゴテ
幅が狭い目地専用のコテ。標準は9㎜幅のもの

レンガゴテ
ハート型が特徴的なレンガゴテ。モルタルをすくって運ぶのに適している

ブロックゴテ
モルタルを帯状にすくいとってレンガの上に並べていくのに適している

ネジリガマ
地面を細かく成形するときにとても重宝する

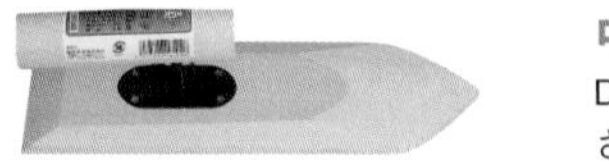

木製のナラシゴテ
地面や基礎の底などのならしで使用されることが多い

中塗りゴテ
DIYで基本的なコテ。大きさ（長さ）やしなり具合に硬軟がある

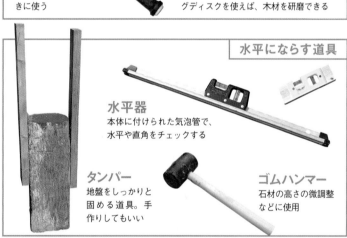

実践編

大きさを調整する レンガを切る

ディスクグラインダーと平タガネを使ってレンガを切断する

レンガ作品は、積むにしても敷くにしても、作っている間に余分が出てしまうので、レンガを加工する必要があります。作品によっては角度切りや斜め切りといった加工も必要になります。

レンガの切断はディスクグラインダーにダイヤモンドホイールというレンガ・石材切断用の刃（ホイール）をつけて加工します。

レンガの切断は左の手順のように、鉛筆でレンガに墨つけしたら、ダイヤモンドホイールを取り付けたディスクグラインダーで切り込みを入れ、最後に平タガネを当て、石工ハンマーで叩き割ります。

切断作業時は、防じん防止マスクやメガネを必ず着用しましょう。

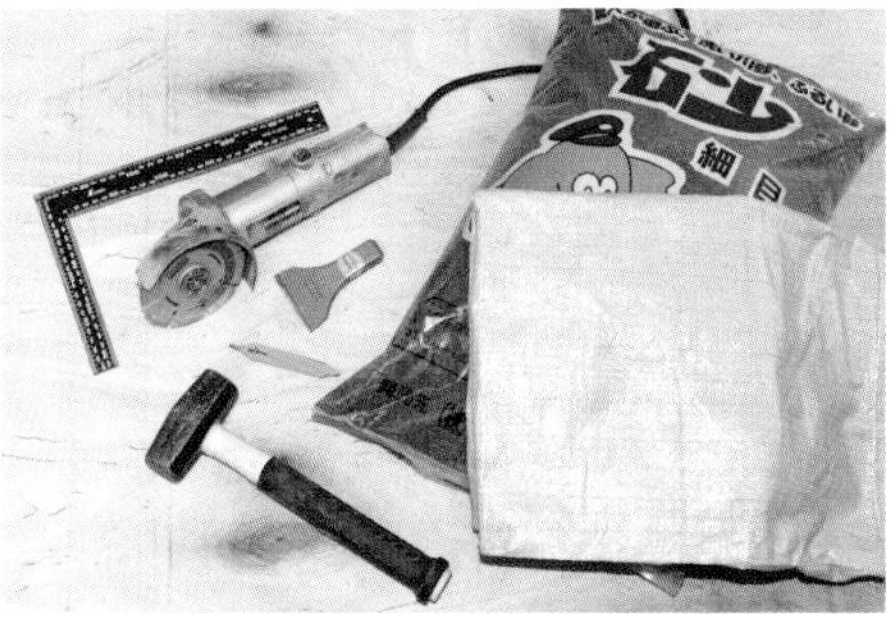

レンガ切断に使う道具一式。右からガラ袋、砂、平タガネ、鉛筆、石工ハンマー、ディスクグラインダー（ダイヤモンドホイールつき）、サシガネ

ディスクグラインダーの刃（ホイール）の交換

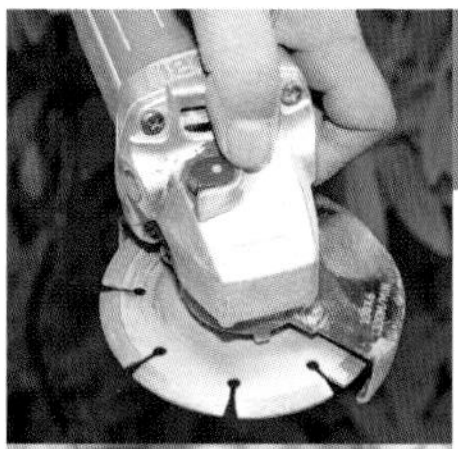

1 ディスクグラインダーの刃（ホイール）の着脱は、まず親指の位置のスピンドルロックを押し、刃のまわり止めをする

2 ロックした状態でカニ目スパナをナットにかけてまわし、緩めて刃を外し、刃を交換してしっかり締める

ディスクグラインダーでレンガを切る

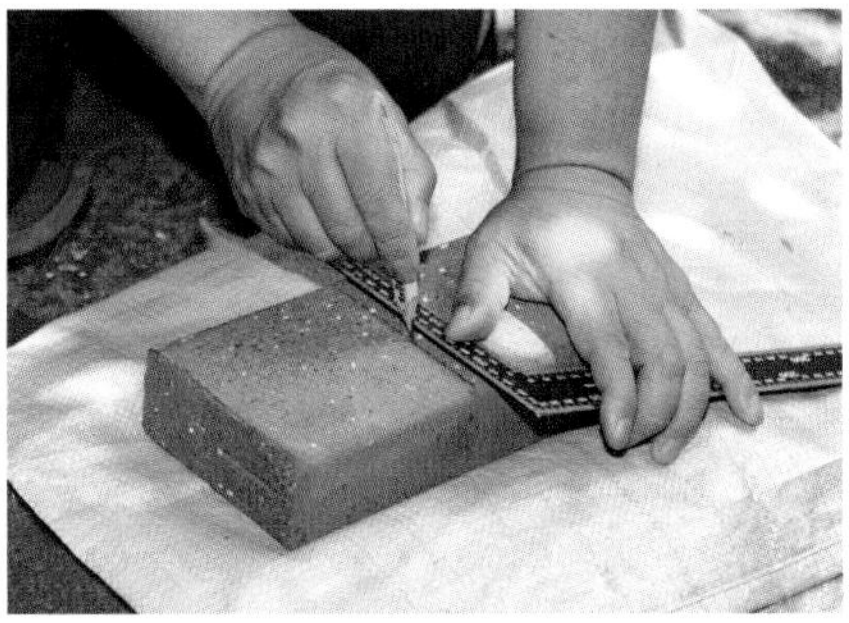

1 墨線を引く

サシガネやスコヤを使い、鉛筆で正しい墨線を引く

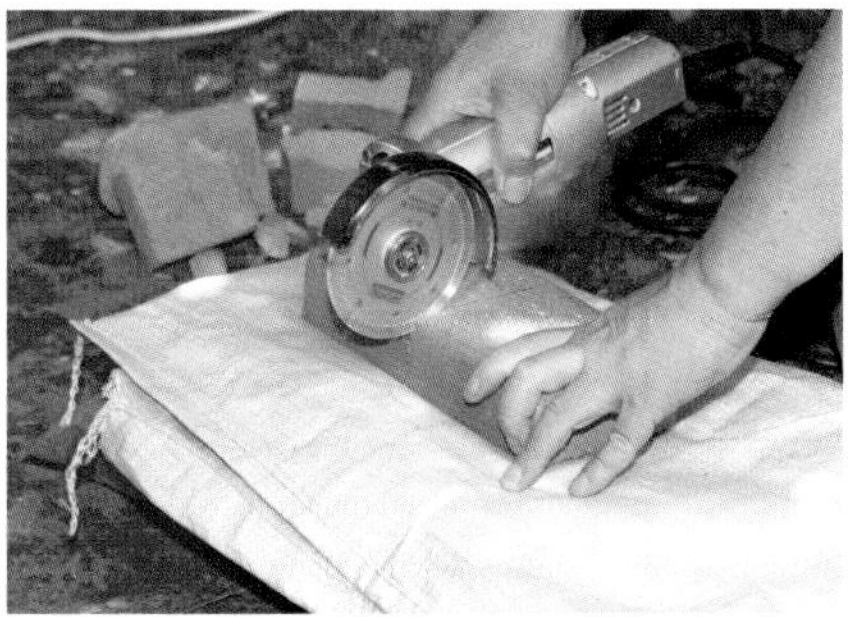

2 ディスクグラインダーで切る

レンガを押さえ、墨線に沿って奥から手前に引くように動かして切断する

3 4面すべてに切り込みを入れる

レンガへの切れ目は1面だけでなく、4面すべてに切り込みを入れる

4 平タガネを打つ

砂袋の上にレンガをのせ、切れ目に平タガネを当てて石工ハンマーで叩く

5 レンガが割れる

全面に切り込みを入れておくと、ぱっきりと簡単に切ることができる

実践編

テラスが簡単にできる レンガを敷く

砂目地かモルタル目地で レンガを敷く

レンガ敷きは、パティオ（中庭）やテラス、アプローチなど、さまざまな場所で使われる手法です。公共建造物や駐車場などの本格的なものは、下地に砕石を敷き固めて、鉄筋で強度を高めないといけませんが、一般的には地面を平らに掘り下げ、その上にレンガを水平に敷き、最後に目地をすればOKです。

目地には、「砂目地」と「モルタル目地」があります。「砂目地」は目地埋めを砂で行なう方法です。モルタルを使用しないため、もとの地面に戻すのが容易です。短期間で作業が終了します。

一方、「モルタル目地」は、モルタルで目地を埋める方法です。セメントと砂だけを混ぜた空練りモルタルをまいて目地を埋め、上から水をかけてモルタルを凝固させる方法と、通常のモルタルを目地に詰めていく方法があります。

基本的な作業工程はほとんど同じなので、ここでは砂目地を例に作業の手順を紹介します。

1 砂を敷き詰めて水平にならす

レンガの厚みと砂の厚みを考えて地面を掘り下げ、砂を敷き詰める。ここで水平器を使い、しっかりと水平に、かつ均等にならしておく

2 すき間（目地）を空けながらレンガを置く

目地の分だけ、すき間を空けながら、レンガを置いていく。ただ砂目地の場合はすき間をほとんど空けないのが一般的。沈みすぎたら砂を足し、浮いたらゴムハンマーでレンガを微調整しながら置いていく

3 水平器で水平をチェックする

水平器を使って、レンガが水平になるようにチェックしながら置いていく

4 レンガが敷き終わった

レンガがきれいに敷き終わった

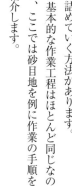

Point! レンガ敷きのエッジング

どんなにしっかり敷いたレンガも、まわりの縁がしっかりしていないと、周囲からぼろぼろと崩れてしまいます。そのために必要になるのが、エッジング。エッジングとは花壇などに見られる縁取りのことですが、レンガ敷きの場合には土留めの役割のほかに、デザイン的効果もあります。

レンガ敷きに使われるエッジングとしては、レンガをモルタルやコンクリートで固めたり、丸太、枕木などを固定して行なうケースが多いです。ホームセンターには、エッジング材として、さまざまな擬木なども売られているので、デザインと合うような、好みの素材を選ぶといいでしょう。

エッジングラインのパターン

枕木を横に使った例

枕木を縦に使った例

コンクリート

丸太を縦に使った例

コンクリート

レンガを使った例

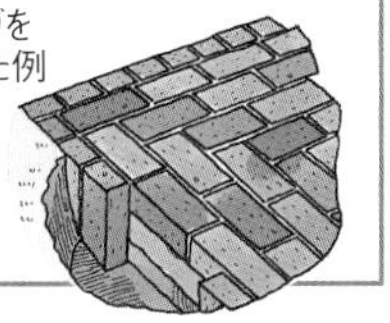

Point! 敷きパターン

おさまりが良ければどんな敷き方でもいいですが、下のイラストのような伝統的に親しまれている基本的パターンだと見栄えが良くなります。

ランニングボンド（馬踏み）

バスケット

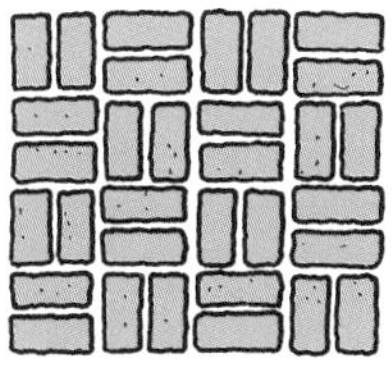

ヘリンボーン（あじろ）

ハーフバスケット

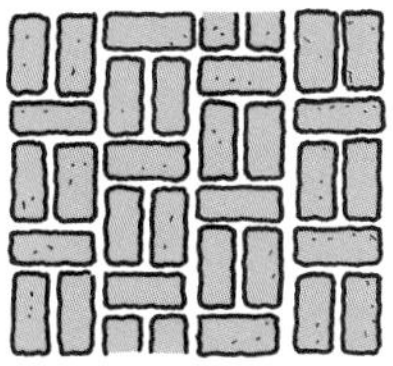

フランスヘリンボーン

ダブルバスケット

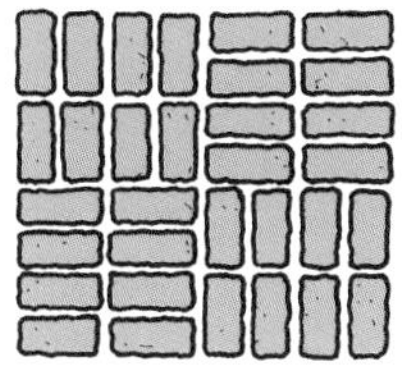

5 砂をまき目地を埋めていく

表面にたっぷり砂をまき、目地を埋めていく。空練りモルタルを使う場合も同様だが、砂よりも慎重に目地を埋めていきたい

6 水をまく

水をまくと砂が目地に入りやすくなり、余分な砂を流すことにもなる。水はシャワーヘッドなどを駆使して、勢いをなくしながらまく

7 目地が入った

目地に砂がきれいに入った

8 しばらく待って完成

完成。しばらくは砂が落ちつかず、はみでたりするが、やがて落ち着く

実践編

花壇にもフェンスにもなる レンガを積む

同じ量のモルタルをレンガに盛って積む

レンガを積むと、花壇やレンガウォール、あるいはバーベキュー炉など、いろいろなガーデンアイテムを自作することができます。

レンガ積みの作業は、モルタルを使います。レンガを垂直に積んでいくなど、レンガ敷きに比べて難易度は上がります。ただ、これは毎回レンガの上に盛るモルタルの量を一定にすること（左ページ参照）に注意すれば、水平が保ちやすくなります。

高く積み上げるときは、鉄筋などを通しておくといいでしょう。

Technique of the Brick Work BASICS

1 基礎を作る

場所を決め、10㎝ほど掘り下げ、生コン（モルタルでも可）を10㎝ほど敷き、水平をとっておく。乾けば基礎作りが終了

2 モルタルを作る

作り方は79ページ

3 均等にモルタルを置く

1段目を仮置きしてから始める。モルタルは“盛る”感じで置く。レンガを押しつければ、少しはみでるぐらいの量で

4 水平をチェックする

目地を埋め、1段目が終わったところで、水平をチェック。ハンマーの柄などでコンコンと叩いて、微調整しながら水平を取っていく。へこみすぎたらモルタルを追加する

5 垂直ラインを確認する

レンガを積んでいくときに垂直に立ち上がるようにするため、下げ振りを使う。適当な板材で簡単なやぐらを組み、水糸をつけた下げ振りを垂らせば、垂直ラインが出る。この垂直ラインを立ち上げるレンガの角に合わせておき、ラインに沿ってレンガを積み上げていく

6 どんどん積んでいく

水平をチェックしながら積んでいく

7 目地を確認する

目地を整える前の段階。ある程度積んだら、乾きすぎないうちに、目地の仕上げにかかる

Point! 積む前にレンガを濡らしておく

積み作業に入る前に、レンガを水に浸しておくとモルタルがよくなじみます。気泡が出てこなくなるくらい十分漬けておきましょう。

実践編

コンクリートが一新 レンガを張る

薄いレンガをモルタルや専用接着剤で張っていく

レンガを張るという作業はそれほど頻繁にはありませんが、ブロック塀の表面をレンガで化粧したりするような場合には、必要なテクニックです。

使用するレンガは薄い（厚さの少ない）張り専用のレンガを使います。基本形のレンガでは重量がありすぎて、うまく張れないからです。

接着材には、セメントの量をかなり多くしたモルタルを使うことになります。慣れないうちは、セメントがボロボロと落ちてきてうまく張れないかもしれません。レンガの固定は、手で圧着させ、固定するまでじっと我慢するしかありませんが、それが面倒なら、超軽量のレンガをコンクリート用の接着剤で接着する手もあります。

超軽量のレンガでブロック塀を化粧する。写真はモルタルで張っていったケース

コンクリート用の接着剤。軽量の張りレンガなら、モルタルを使わず、これで接着できる

8 モルタルで充てんする

モルタルが足りないところは充てんする

9 目地ゴテで仕上げる

目地ゴテで目地の表面をきれいに仕上げる

10 完成

レンガウォールが完成した

Point! モルタルを一定に盛るコツ

ブロックゴテをトロフネの壁に当てると一定量のモルタルをすくうことができます。2列に置いていくと、水平になりやすいです。

いろいろな敷き方を学ぶ

ひと目でわかるDIYペイビング作業チャート

レンガワークの基本を理解したら実際にレンガを敷いていきましょう。ここではDIYでできる代表的な5種類のペイビング（敷き石）の作業の流れを示すチャートを紹介します。このチャートを追っていけばオリジナルのペイビングが作れます。

化粧砂利を敷く

もっとも基本的なペイビング。ガーデングラベル、ガーデンストーンなどと呼ばれる砂利はアプローチや、コーナーのペイビングに多用されます。地面の上に砂利をまいただけではしだいに流されてしまうので、砕石で下地を作って、その上に砂利を敷きます。砕石、砂利の厚さの目安は各50㎜です。

作業の流れ

▼ 必要な範囲の地面を掘り込む

▼ 十分に地面を突き固める

▼ 砕石を敷き込み、突き固める

▼ 化粧砂利を敷く

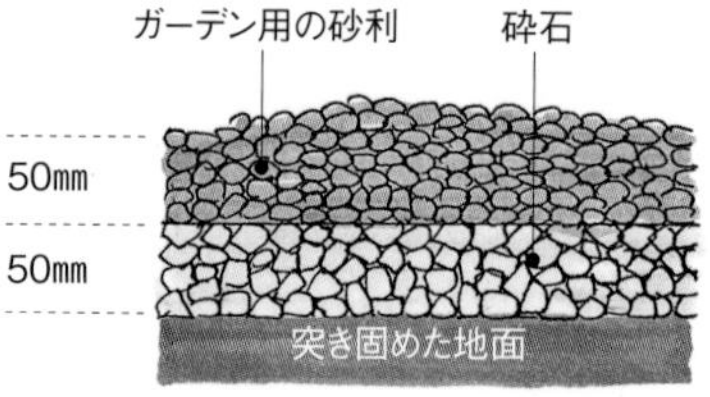

砂決めでレンガを敷く

下のイラストは目地を詰めて、レンガ同士をくっつけて並べている例（ねむり目地）。砂目地は下地と目地に砂を使う方法で、この例では目地のすき間に入った砂の摩擦力がレンガ同士を固定します。下地の砂の厚さは40㎜以上あればOK。この方法は必要に応じてレンガの撤去も簡単にできます。（82ページ参照）

作業の流れ

▼ 必要な範囲の地面を掘り、突き固める

▼ 砕石を敷き、突き固める

▼ 砂を敷き、水平を取る

▼ レンガを敷き、砂を目地に掃き入れる

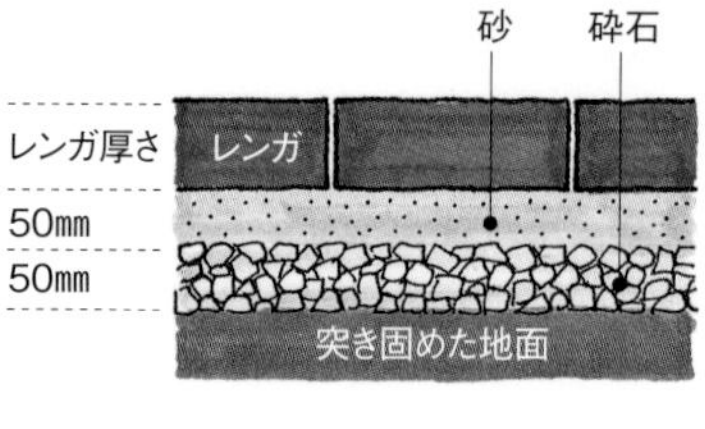

枕木を設置する

枕木の場合を紹介します。枕木はそのまま1本で使うなら、十分な重さがありますので、モルタルなどで補強せずに設置できます。枕木は深さ100㎜以上埋めるとより安定します。埋め戻す土には水を加え、ドロドロにしたものを突き入れながら固定すると、乾いてから土が締まり安定します。ガーデンのペイビングなら、地面が固い場合、砕石は省略しても大丈夫です。砂は十分な厚さになるように入れると水平の調節がやりやすいです。

作業の流れ

▼
枕木よりひと回りほど大きい溝を掘る
▼
十分に底を突き固める
▼
砕石を敷き、突き固め、水平を取る*
▼
砂を敷き、水平を取る
▼
枕木を置き、水平を調節する
▼
枕木の周囲を水で練った土で固定する

(*この作業は省略可)

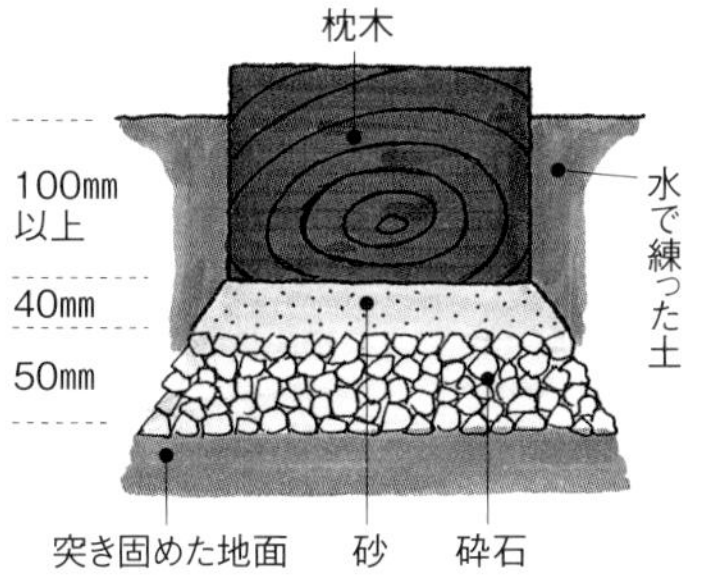

モルタルでタイルを敷く

テラコッタや窯業系の製品などタイル類も、モルタルを接着剤として敷き並べることができます。イラストで下地モルタル、接着モルタルと分かれていますが、特別なものがあるのではなく、どちらも普通のモルタルです。基礎はコンクリートのテラスを想定していて、その上に下地を滑らかにするモルタルを敷き、タイルに接着用のモルタルを盛って張りつけていきます。目地は色セメントなどを使い、最後に仕上げます。

作業の流れ

▼
コンクリートのテラスを洗浄する
▼
下地のモルタルを塗る
▼
タイルを張る位置の墨線を入れる
▼
接着用のモルタルをタイルに塗る
▼
タイルを下地モルタルの上に張る
▼
仕上げの目地を入れる
▼
タイル表面を洗浄する

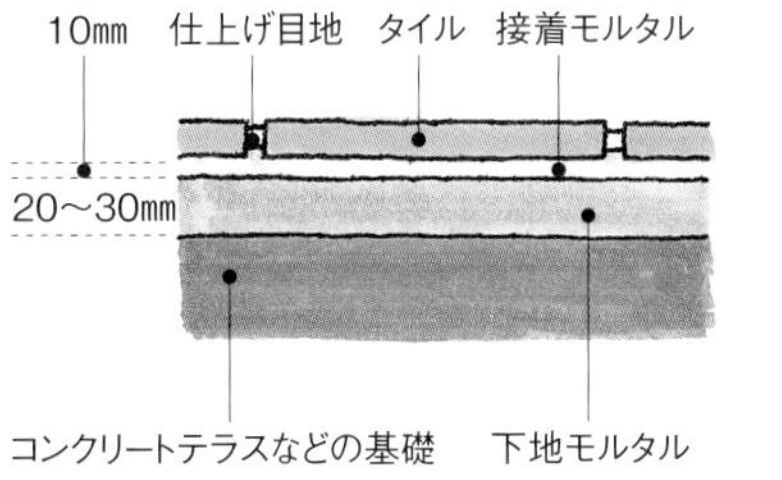

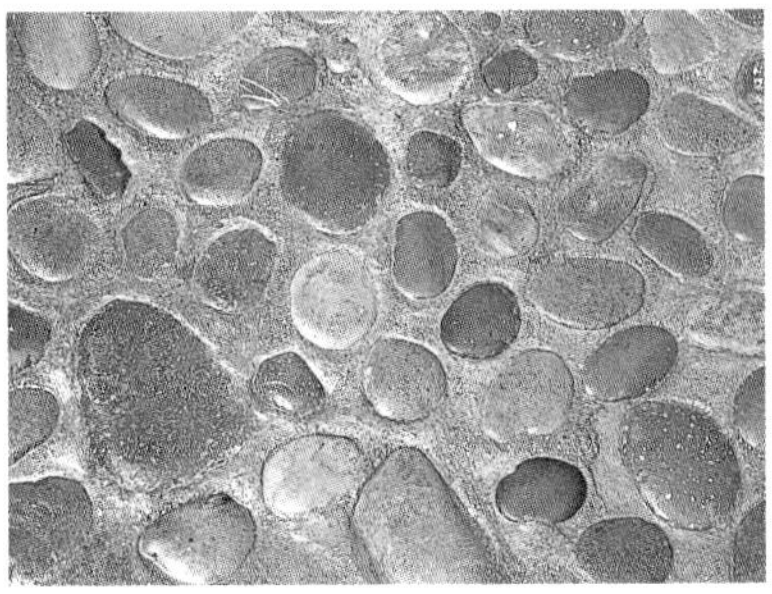

玉石の洗い出し風仕上げ

人が頻繁に歩く部分でなければコンクリート下地は省略してもいいでしょう。玉石は水で洗って汚れを落としておきます。モルタルが乾く前に玉石をバランスよく埋めたら、ペイビングの全面に10㎜程度の厚さでセメントペースト(ノロ)を塗った上で、玉石の表面についたセメントを拭き取りきれいにします。これでできあがりですが、乾いた玉石はツヤ出し用オイルやワックスで拭き上げればより完璧です。

作業の流れ

▼
必要な範囲の地面を掘り、突き固める
▼
砕石を敷き、突き固める
▼
下地のコンクリートを敷き、水平を取る*
▼
モルタルを敷き、水平を取る
▼
玉石をモルタルに埋める
▼
セメントを塗る
▼
玉石をきれいに洗う

(*この作業は省略可)

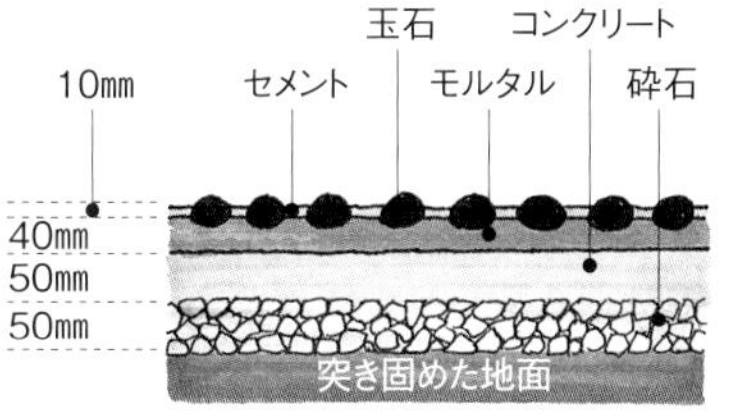

雑木の庭をきらめかせる

植栽
アイデア
2

庭を登りきったところにあるデッキの脇に配した手水鉢。中にはチャワンバスなどを植えて楽しんでいる。水鉢のまわりにはイトススキやシュウメイギクなどのたくさんの草花を植えて、野趣があふれる雰囲気にしている

水場をつややかに演出する

きらめきや透明感があり、涼をもたらしてくれる水のある風景。池や流れ、水鉢などで涼やかに演出します。水鉢は雑木の下の木陰にひっそりと置いたり、空間のポイントになるように配して風情を演出。植物を合わせてさらにみずみずしさと涼感をアップさせます。

アカシデの木の下に木曽石を積んで設けた水場。水鉢には渋い色あいの備前のかめを利用。木曽石でグルリと囲み、邪魔にならない程度に山野草を合わせて雑木の中になじませている。流木をあしらい、野生な味わいをプラス

ミカモ石を組んで造った池。湿地に強いカヤツリグサを植えて、自然の流れの佇まいに。そのほか、ギボウシや西洋イワナンテンなどの丈夫な草花を合わせて石を覆い、池のまわりを野生の雰囲気たっぷりに演出

水を張ったスペースの正面突き当たりに水鉢を配し、水生植物を植えて涼感あふれるシーンに。苔むした石肌が経年の風情を、ヒシャクが人の気配を感じさせる味わいのあるコーナーになっている

懐かしさを感じる 里山風の庭

今まで訪れたことがなくても、里山に入るとなぜか懐かしさを感じるもの。
いくつかの雑木を組み合わせながら植えて、下草や苔で演出した里山風の庭は
自宅にいながら、里山の雑木林を散策しているような懐かしい気分になります。

もともとあった樹木の魅力を生かしつつ紅葉が美しい立体感のある庭を実現

◆水野幸一さん（千葉県）

主木 モミジ、カエデ、シイノキ、シャラ、コナラ

庭の風景を楽しむために家の窓も大きめにリフォーム

水野さんは以前から植物が大好きで、庭には樹齢70～80年も経つヤマモモのほか、サクラなどを植えていました。この庭を作るにあたって「三橋庭園設計事務所」の三橋さんにお願いしたことは、これらの木を生かした庭づくり。そして、紅葉の美しさで名高い大分県の用作《ゆうじゃく》公園のようなモミジが多い庭にしてほしいということでした。

主にモミジをはじめとした落葉樹を植えましたが、山に自生しているような幹が少し曲がっていたり、ちょっと癖があるような木を植えて、味わい深い庭を目指しました。

また、木を植えるときには家と平行にならないようにし、奥行き感を演出。下草には花が咲くものを植えて、四季を通していつでも楽しめるように工夫。石敷きは建物に対して斜めに配し、少しずつ段差を付けることによって立体感を作り出しました。

医師である水野さんは、息子さんに診療を譲ったので、比較的自由な時間が生まれ、庭のお手入れに熱が入るようになりました。「この庭を楽しむために、家の窓も大きな窓にリフォームしてしまいました。庭に向かってL字型になっているので、見る角度によっていろいろな表情が楽しめるんです」と水野さん。これからは、庭に出る時間もますます増えるに違いありません。

モミジ
苔の生えた石と灯籠、水鉢がなじんだ風景。主張しているものはなく、何気ない雰囲気を感じさせる

DATA
設計・施工／三橋庭園設計事務所
庭の面積／約400㎡

灯篭の足元にある水鉢を中心に景色を作っている。道を植栽や石の配置によってジグザグにすることで奥行きを感じさせている

石を組んで作った流れは、作り込み過ぎないように石を配置している。シダがみずみずしさをプラス

敷石を敷いた小道。苔が生長して石と一体化している。日陰にも強いギボウシやツワブキなどの花が楽しめる

シラカバ＋シャラ

シラカバやシャラなど冬でも木肌を楽しめる樹木を植栽。常緑樹も植えて、冬でも寂しくならないように工夫

モミジ

ひと足早く赤く色づいたモミジ。落葉樹が多く植えられている水野さん宅では、落葉時のそうじが大変だとか

モミジ

入り組んだ枝や、草丈の違うギボウシやシダなどの下草が遠近感を出している。曲がった枝が自然な感じに

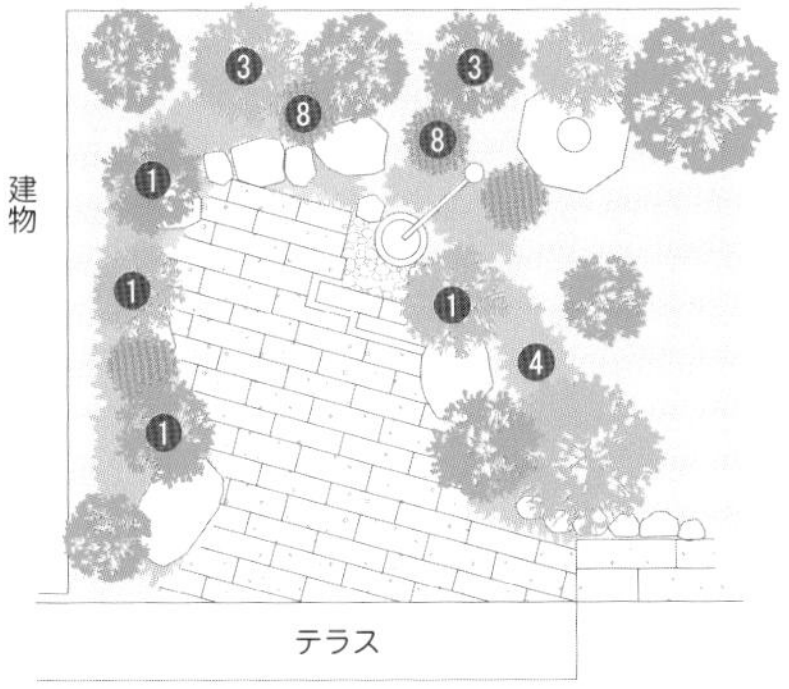

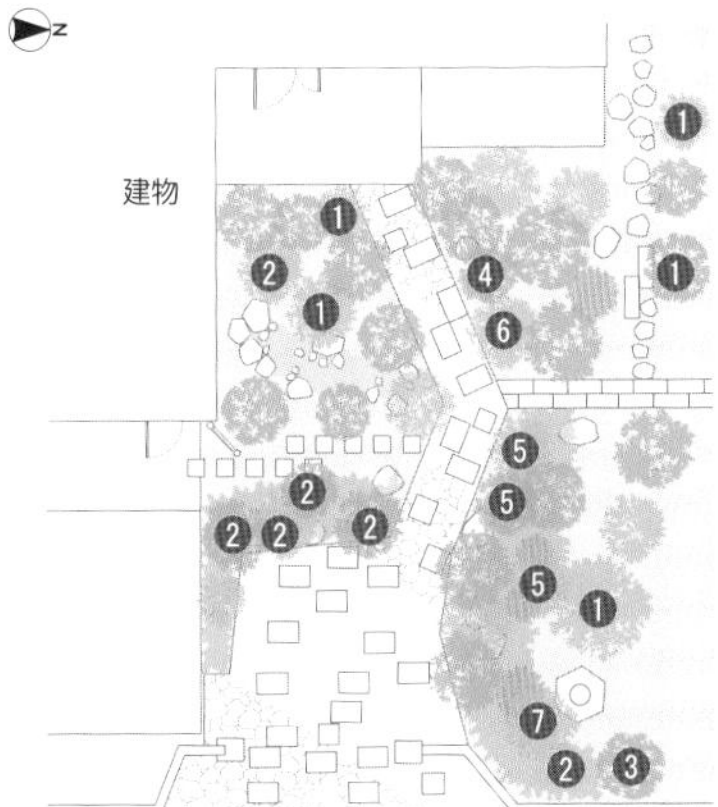

上／家の中から見た庭が水野さんのお気に入り。手前の大きな樹はデイゴで、初夏に赤い花を咲かせる

左／力強さのある大きな石を配置。株立ちの樹やツワブキなどの下草を植えることで、石が自然に溶け込んでいる

主な中高木

❶モミジ、❷カエデ、❸シイノキ、❹シャラ、❺コナラ、❻シラカバなど。

主な低木

❼アセビ、❽ミツバツツジなど。

主な下草

ギボウシ、シラン、タマリュウなど。

主な資材

御影石、丹波石など。

Point

昔使用していた石臼を活用

四角い石の組み合わせのなかにアクセントとして入れた丸い石は、昔、家業で使っていた石臼。使われなくなったものもこうして再利用すると、庭にストーリーが生まれてきて、歩くのも楽しくなります。

高木の雑木をふんだんに使い空間の広がりを感じる庭

◆Y・Hさん（千葉県）

主木

ヤマモミジ、ソヨゴ、コナラ、アラカシ、コハウチワカエデ

ヤマモミジ＋コナラ

リビングの前の植栽。下枝を落とした木々が作るスクリーンが、ほど良く目隠しをしつつ、夏の暑い日差しを遮ってくれる

DATA

設計・施工／松浦造園

庭の面積／約120㎡

すらりとのびる雑木に包まれた自然に寄り添った庭

のどかな田園風景の中で、大らかに佇む、雑木に囲まれたお宅。「自然の中で、落ち着いて過ごしたい」という願いをかなえるために、3年前にこの土地を購入したY・Hさん。建物の建築材料には、スギ材や漆喰など、人にやさしい自然素材をふんだんに使用。庭も家と同様、すこやかに過ごせる空間づくりを目指し、松浦造園の松浦さんに庭づくりをお願いしました。

コハウチワカエデ

上・左／庭の前景。庭の中央に設けたウッドデッキをぐるりと囲むように、そよそよとした雑木を配植している

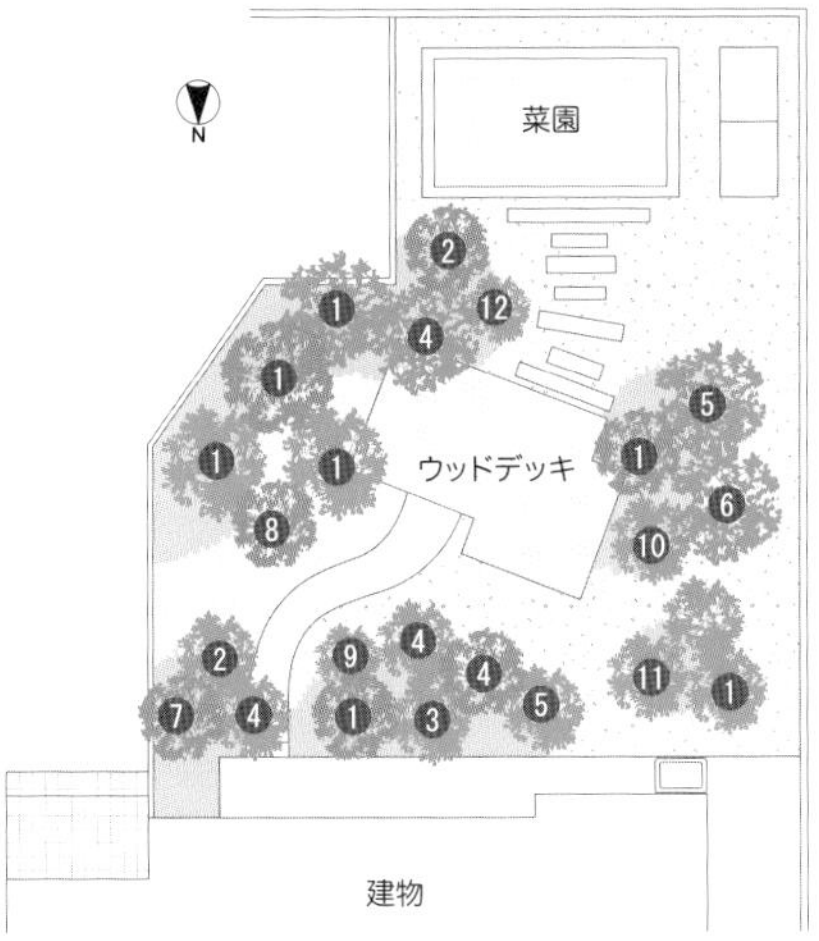

主な中高木

❶ヤマモミジ、❷コハウチワカエデ、❸アオハダ、❹コナラ、❺ソヨゴ、❻アラカシなど。

主な低木

❼ネジキ、❽ナツハゼ、❾シャクナゲ、❿ゲンカイツツジ、⓫クロモジ、⓬ミツバツツジなど。

主な下草

ヤブラン、ツワブキ、カンスゲなど。

主な資材

スギ材（ウッドデッキなど）など。

コナラ＋ヤマモミジ

室内から眺めた、みずみずしい庭の眺め。借景となっている田んぼのやわらかな緑に、雑木のすらりとした幹のフォルムが、美しく映えている

ヤマモミジ＋コナラ

濡れ縁からウッドデッキにつながる、たたきの園路。ゆるやかにカーブさせて、自然な趣に。数本まとめて植えた雑木が、ウッドデッキをやんわり隠して

Point

庭で出た落ち葉をリサイクルする

コーナーに設けた木の腐葉土箱。秋には、落ち葉を集めて腐葉土を作り、菜園で使っていく予定。ウッドデッキやフェンスと同じ材を使い、庭に統一感を出しています。

庭は作り込んだ感が出ないように、植栽はカエデ類をメインに、ほぼ雑木だけで構成。すらりとスリムな樹形の高木を数本まとめて植栽し、中央のウッドデッキを包むように配することで、空間の囲まれ感をアップさせ、すっきりとしながらも見ごたえのある空間を作っています。「リビングの大きな窓から望める風景がとってもいいんです。株立ちの幹越しに見える田んぼもいいでしょ。まるで里山にいるような風景が楽しめます」とYさん。室内からの眺めにもこだわっています。

この庭は眺めるだけでなく楽しく過ごせるように、ウッドデッキや菜園スペース、腐葉土箱を設置しました。都心では味わえない自然の営みを感じられる庭に仕上がりました。

リビングからの眺めが楽しめる木々と芝生の緑が美しい庭

◆I・Kさん（神奈川県）

主木　ジューンベリー、アオダモ、シマトネリコ、サルスベリ

DATA

設計・施工／トクゾウ

庭の面積／約65㎡

囲まれ感たっぷりのウッドデッキ

広々としたウッドデッキが印象的なI・Kさんの庭。5年ほど前、工務店にウッドデッキを一度設置してもらいましたが、使い勝手の悪かったことから、新たなウッドデッキをトクゾウの徳光さんに依頼。さらに、「かつての和庭の樹木を生かしながら、家から見た風景が充実し、しかもローメンテナンスの庭にしたい」と要望を出しました。

まず、家の南面に沿って横に細長く設けていたウッドデッキを撤去して、庭の奥に寄せて設置。リビングの前に、小部屋のような空間が生まれました。ウッドデッキを覆うように枝葉を広げるアオダモが、心地良い緑陰を作り、庭のシンボルツリーとしての存在感を放っています。

植栽は、既存の樹木も生かしながら、エゴノキや白花で株立ちのサルスベリなどの軽やかな印象の雑木を新植。ご主人のリクエストである芝生も張り、空間デザインにメリハリをつけました。

「リビングから庭を眺めていると、軽井沢にいるような気分になるんです。友人も長居をしていきますよ」とIさん。家族や友人と楽しめる庭に生まれ変わりました。

アオダモ＋ツルバラ

アオダモと屋根の間に取りつけたワイヤーに、白いツルバラを誘引しているので、春になると真っ白い風景が楽しめる

リビングから外を眺めながらひと息入れるひと時は、Iさんにとって心地良い時間。庭と一体化したような距離感が魅力

アオダモ

軽やかな印象の枝葉を広げるアオダモ。ウッドデッキや芝生の上に緑陰を落とす。庭の前にある駐車場はウッドフェンスで目隠しした

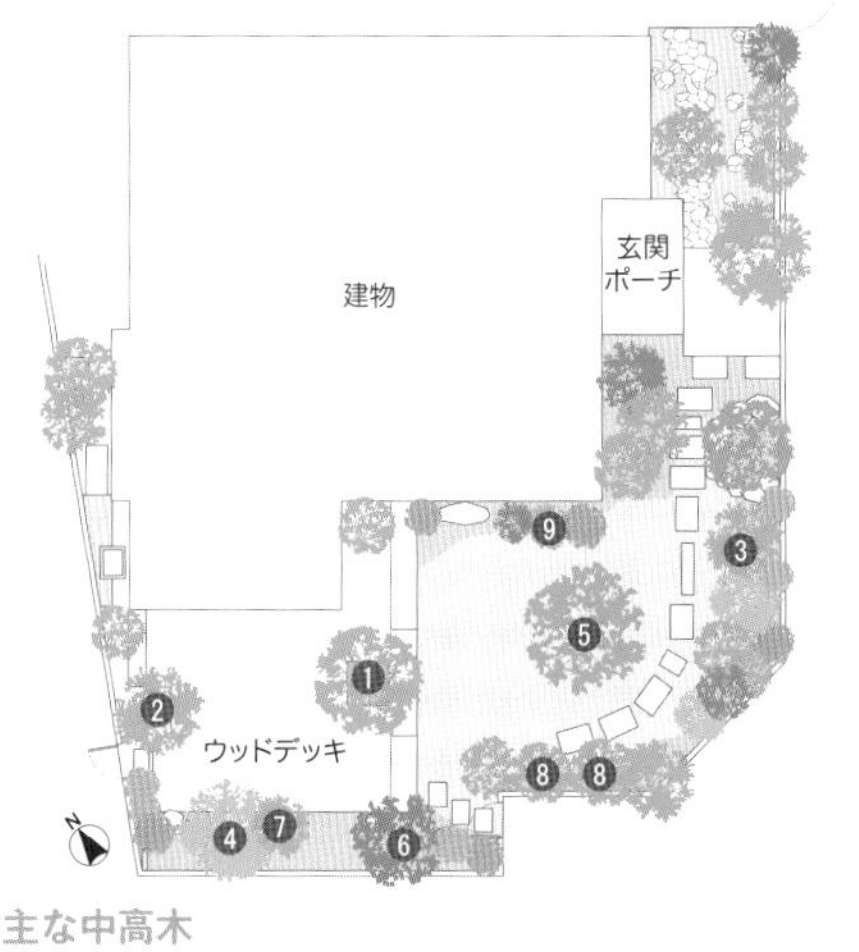

主な中高木

❶アオダモ、❷シマトネリコ、❸サルスベリ、❹ハナミズキ、❺ジューンベリー、❻ウメなど。

主な低木

❼アジサイ、❽ハナズオウ、❾ブルーベリーなど。

主な下草

ギボウシ、アガパンサス、クリスマスローズなど。

主な資材

イペ材、枕木など

ジューンベリー

芝生のゾーンの空間をみずみずしく埋めているジューンベリー。株元にはアジサイ'アナベル'やアガパンサスを植えてさわやかなシーンに

園路は、ジューンベリーをまわり込むように配置。ステップには、和庭の頃の御影石や昔の市電の枕木を再利用している

Point

移植せずに そのまま生かして

かつてのウッドデッキ脇に植えられていたシマトネリコやアオダモ。これを移植せずにそのまま生かすように、空きスペースを作り、新しくウッドデッキを設置しました。

駐車スペースも庭に同化させた風情が漂う石と苔の美しい庭

◆Fさん（東京都）

主木　コハウチワカエデ、シラカバ、ヒメシャラ、トキワヤマボウシ

緑に囲まれた開放的な空間に

雑木がそよぎ、足元では味わいのある石張りと苔が美しいFさんの庭。かつては洋風の庭でしたが、「車をもう2台置けて、自然を感じる庭に」と大宏園の大島さんに庭のリフォームをお願いしました。

週に1～2日しか駐車しない奥のスペースは、庭に溶け込むようなデザインにするため、車輪がのる部分のみイタリアンポルフィーノ（斑岩石）を乱張りし、中央のすき間はタマリュウなどを植栽。奥の木曽石と苔が広がるみずみずしい庭につながっています。また、和室からの風景も考慮し、手前の車庫の車が見えないように板塀を設置。下を50cmほどあけたことで、圧迫感がまったくありません。塀の前ではコハウチワカエデがすがすがしく枝を広げ、株元には織部灯篭と手水鉢を配して、風情を漂わせています。

もともとあったリビング前のテラスは、既存のシラカバの大木や、コハウチワカエデの落葉樹でやんわり囲んで、プライベート感をアップ。隣との境界線にはトキワヤマボウシなどが植わっているので、隣家からの視線は気になりません。「レースのカーテンを開けっ放しにできるので、室内にいても開放的な気分になります」とFさん。庭の空気も澄んだように感じるそうです。

シラカバの枝葉がパラソルのように広がる。奥には味わい深い立水栓があり、木曽石と苔の美しい空間

DATA

設計・施工 / 大宏園

庭の面積 / 50㎡

シラカバ＋コハウチワカエデ

囲まれ感たっぷりのテラス。通りや隣家からの視線がまったく気にならない。木の下には多年草を植え、季節の花を楽しむ

コハウチワカエデ+ハイノキ

和室の前のしっとりとした風情漂うコーナー。手水鉢の底から水が湧き出す仕掛けと、照明が当たる仕掛けがある

ヒメシャラ ＋ シラカバ

写真の右下のスペースはときどきしか置かない駐車スペース。車がなくてもまったく違和感なく、石張りの庭になじんでいる。

ヒメシャラ＋ダンコウバイ

和室などの前のコンクリートの犬走りには、イタリアンポルフィーノ（斑岩石）を張り、雑木や苔の風情に合わせて雰囲気を出した

Point

石張りの間の植栽でより自然な趣を演出

石張りの間には苔やタマリュウを多く植えていますが、草丈の低い草花もポイントとして植栽。ポツンと生えている様子が、種が飛んできて生えたような、自然な趣を感じさせます。

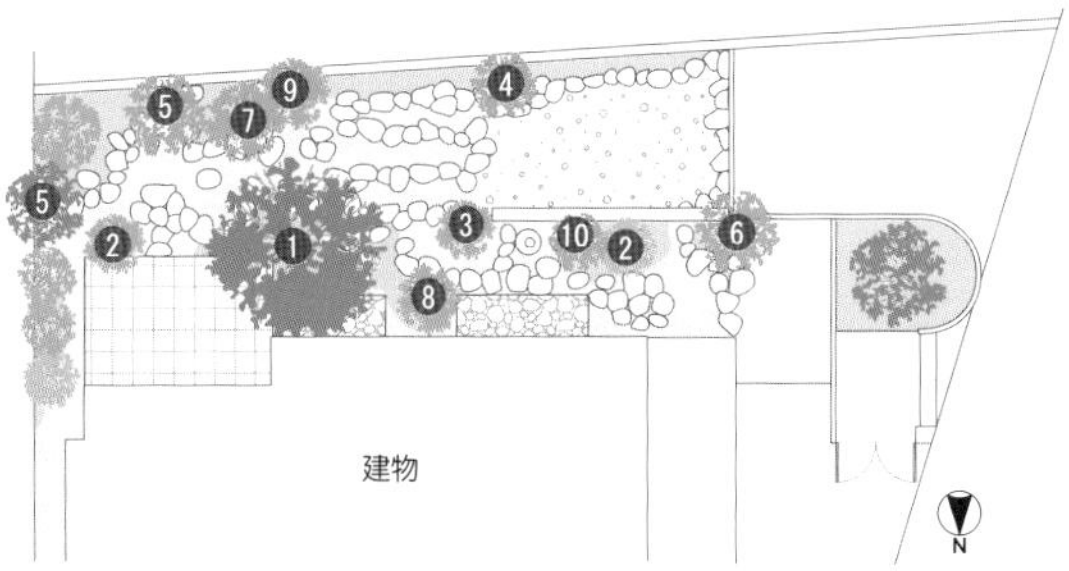

主な中高木

❶シラカバ、❷コハウチワカエデ、❸ヒメシャラ、❹ソヨゴ、❺トキワヤマボウシ、❻シマトネリコなど。

主な低木

❼ツリバナ、❽ダンコウバイ、❾ミツバツツジ、❿ハイノキなど。

主な下草

タマリュウ、苔、ギボウシ、ユキノシタ、シラン（斑入）、クサソテツなど。

主な資材

イタリアンポルフィーノ（斑岩石）、木曽石、鳥海石など。

ソヨゴ＋ミツバツツジ

黒い玉石を埋め込んだ立水栓。水鉢の中にはスイレンとメダカを入れ、まわりは木曽石で囲み、野趣を感じさせた

隣家との境界線に板塀を設置して、庭の美観を確保。手前には、斑入りのアオキなどを列植し、彩りとみずみずしさをプラス

大小の木々が作り出す緑陰が石と苔の狭間で美しく映える

◆Fさん（埼玉県）

主木

オオモミジ、ヒメシャラ、ヤマボウシ、ソヨゴ

オオモミジ＋ナツハゼ

庭のフォーカルポイントとなる石張りのテラス。手前の丸いオブジェはライト。無数の穴から光が漏れる仕掛け

コハウチワカエデ

つくばいの後ろを通る園路。どんな場所もていねいに苔が張られ、下草が植えられている。回遊できて飽きのこない庭になっている

DATA

設計・施工／大宏園

庭の面積／約150㎡

年代物のつくばいと織部灯篭が佇む。この方向はFさんお気に入りの寝室からの眺め

敷石と緑のほど良いバランスが生む美

スラッとした雑木が立ち並び、青々とした苔が美しく輝くFさんの庭。数年前までは芝生を中心に、コニファーやマツ、ツバキなどの常緑樹で囲まれた庭でした。「テラスでくつろぐことができ、雑木と山野草で四季が感じられる庭を」と、「大宏園」の大島さんに庭のリフォーム

を依頼しました。

いろいろな雑木を楽しみたくて、多めに雑木を植えてもらいました。「植えすぎ」と大島さんに言われながらも、大島さんの技法とデザイン、年1回のメンテナンス、そしてFさんの日々の手入れのお陰ですっきりとした空間が保たれています。

この庭の見せ場は主に2カ所あり、石張りのテラスのあるスペースと、つくばいのあるスペース。テラスは頭上が開けていて明るい空間で、空を仰ぎ見ることができます。庭のフォーカルポイントになり、いつも眺めている玄関の大窓から対角線上にあるので、庭に奥行感をもたらしています。つくばいのまわりは、さまざまな要素が凝縮された心静まる場所。常に一滴ずつ落ちる水が、静かな波紋を作っています。Fさんは寝室から眺めるこの景色が一番のお気に入り。そしてこのふたつのスペース以外は、苔と石の美しい空間が広がります。

石張りの園路や飛び石をたどると庭全体を回遊して楽しめます。園路の両側で、さまざまな雑木が枝を広げ、株元で楚々とした山野草が咲き誇ります。散策するたびにさまざまな発見があり、常に庭の楽しみを与えてくれています。

力強さとやさしさを併せ持つメリハリの効いたデザインが、木漏れ日のきらめく、洗練された雑木の庭を生み出しました。

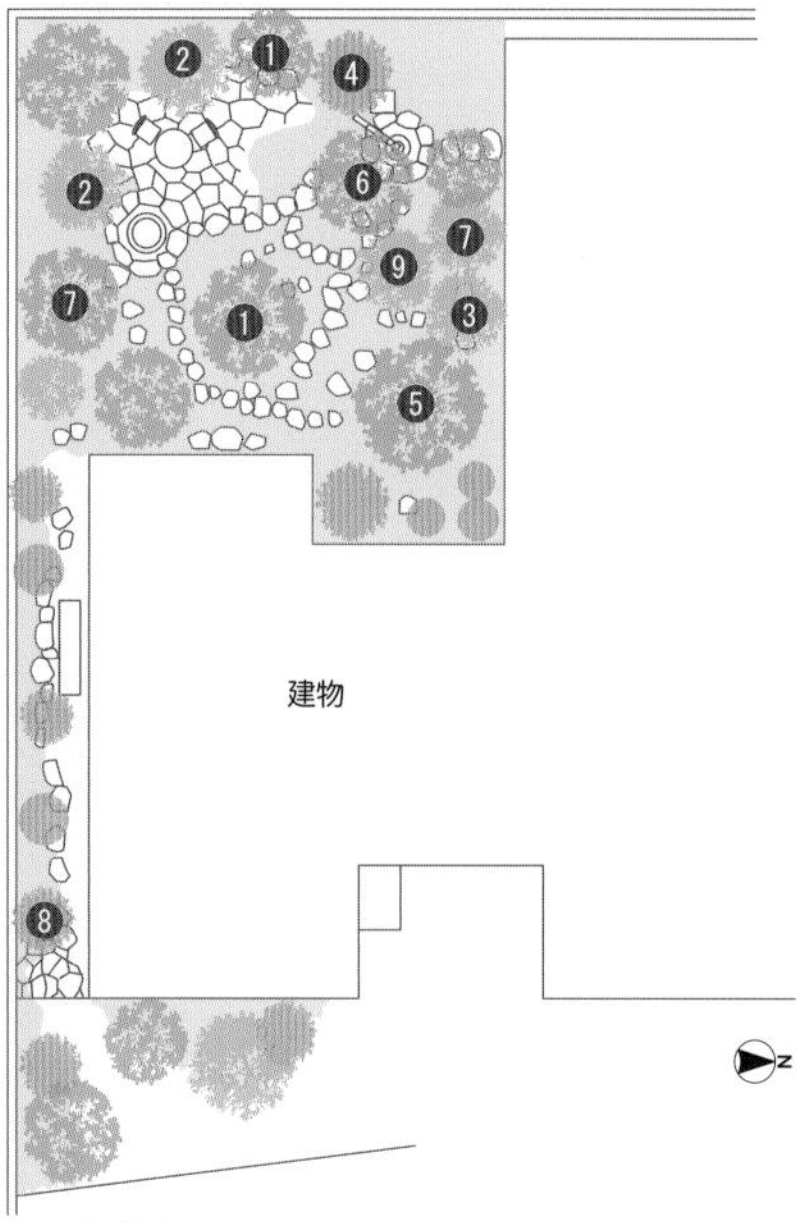

主な中高木

❶オオモミジ、❷ヒメシャラ、
❸ハウチワカエデ、❹コハウチワカエデ、
❺ヤマボウシ、❻ソヨゴなど。

主な低木

❼ダンコウバイ、❽ツリバナ、
❾ナツハゼなど。

主な下草

苔、ヤブラン、フッキソウ、キボウシ、
ナルコユリ、ヤマシャクヤク、
ヘレボラス、シダなど。

主な資材

八ヶ岳の石、イタリアンポルフィーノ
（斑岩石）、甲州鞍馬石など。

ダンコウバイ

園路の分岐点に配する「踏みわけ石」には大きな石を使い、向かいにちょっとした景石を置いて、視覚的に安定感を出している

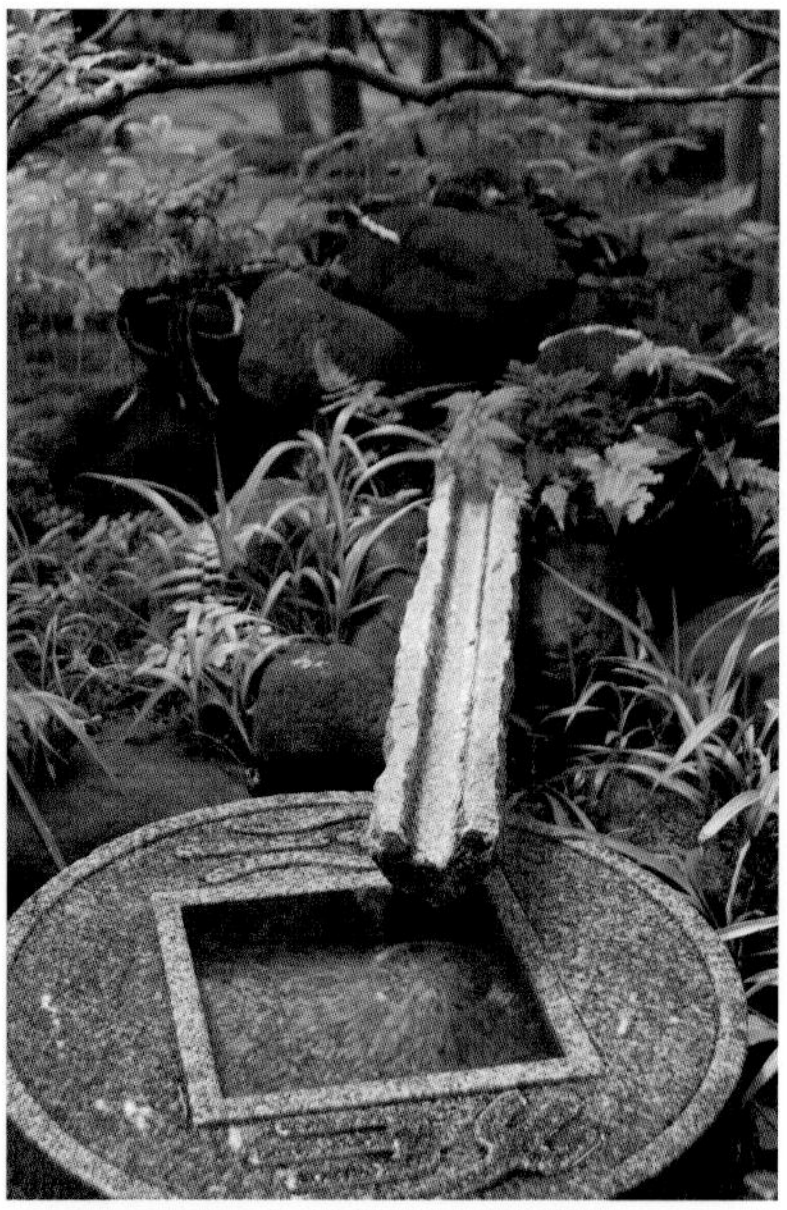

八ヶ岳の石を積み上げた場所にある花崗岩のかけひが、布泉形の手水鉢に一滴ずつ規則的に水を落としている

Point

ホースは大きな鉢に隠す

水場にある無粋なホースは常滑焼の大きな鉢の中にクルリと巻いて収納。これなら、近くに寄らなければ視界には入りません。また、ホースを使わず水を出しても、鉢があることで飛び散らないので便利です。

雑木の庭をきらめかせる

植栽 アイデア 3

木の株元を豊かに彩る

上方でふんわりと枝葉を広げる雑木類。そよそよとした葉のみならず、すらりとした幹も魅力のひとつです。その幹に寄り添うように下草を植えて、雑木の魅力をたっぷりと引き立てましょう。日陰になる株元には耐陰性のある植物を合わせるといいでしょう。

ウッドデッキと建物の間の砂利敷きに設けたスペースには、アオダモとアジサイ‘アナベル’を植栽し、庭と建物の各ゾーンをやんわりと仕切った。華奢な印象の樹木を使うことで、空間が重くならないように工夫している

花壇のエッジを斑入りのラミウムやアイビーのツルでふんわりとカバー。後方では、ギボウシや西洋イワナンテンなどの斑入り葉を合わせて、彩り豊かにまとめた。デッキのブラウンに植物の緑が美しく映える

ウッドデッキに四角く開けた植栽枡にナツハゼを植栽し、株元に西洋イワナンテンを寄せてデッキの上にもみずみずしさをプラス。デッキの中にも植栽を加えたことで、デッキと芝生や植栽のゾーンがなじんでいる

シマトネリコの株元に、淡いブルーのアガパンサスやクリスマスローズの草花などを、量感を持たせて植栽。重くならないように、白い斑入りの低木、シルバープリペットでさわやかな印象をプラス

雑木の庭づくりの基本

**里山をお手本とした「雑木の庭」ですが、
その造り方には、守らなければならないセオリーがあります。
長い間、雑木の庭を手がけてきた枝洋一さんに解説していただきました。**

監修／枝 洋一
筑波ランドスケープ代表取締役。一級造園施工管理技師、一級造園技能士、一級土木施工管理技師、造園修景士。施工監修の依頼で、全国を飛びまわる。東京農業大学非常勤講師や船井総合研究所セミナー講師も務める。

雑木の庭とは？

近年、雑木林のイメージを印象づけたのは、国木田独歩が明治31年に発表した短編小説『武蔵野』です。武蔵野の林の美しさを生き生きとした文体で表現したこの作品で、雑木林が注目されました。雑木林とは、クヌギやコナラなどの落葉広葉樹で構成されており、人間の手が加わった二次林のことをいいます。

雑木林は、当時農業を営む人たちにとって燃料の生産現場だったのです。まだ石油を生活燃料として使っていなかった時代ですから、燃料にしていたのは薪や炭。人々は里山の雑木を伐り出しに行って、薪にして米を炊いたり、炭で暖を取っていたのです。また、雑木の落ち葉は堆肥にして畑にまくなど、雑木林は人々の生活にとって欠かせない生活資源だったのです。

雑木の良さは、萌芽力が旺盛であること。1本の木を伐ると、5～6本が株立ちし、10年～15年経つと木が高さ10ｍほどに育ってきて、再び薪を取ることができる非常に便利な木でした。この萌芽更新により、絶えることなく資源を獲得することができました。

「雑木の庭」とは、雑木林にある木を使って庭を造ることですが、そのまま雑木林を再現すればいいものではなく、庭としての独特の空間を造ることが大切になります。雑木には葉色がいろいろありますし、葉の厚さや大きさも違っています。春には新芽も出てきますし、秋には赤や黄色に色づく紅葉もあります。それらの良さを巧みに生かして、雑木林以上の表現をしていかなければなりません。下草も上手に使って立体的な庭を心掛けましょう。

雑木の庭に使用する樹種は、地方によって違っていました。関西はマツが多く、京都ではモミジやアカマツが多かったのです。その地域で馴染みが深く、地域の生態系に適した木が使われてきました。以前は、馬車や貨車しか運搬手段がなかったので木を遠くに移すことができず、その原則が守られていましたが、運搬技術が発達した現代では、全国一律になりつつあります。京都では、苔の上にアカマツの松葉をきれいに整えて並べ、霜除けにしていましたが、そういう文化も少なくなりました。

雑木の庭に接すると、人々はなぜか心豊かになり、安らぎを感じます。その根底には、私たちの祖先が里山の雑木林に出かけていった時代の遺伝子が私たちの体に宿っているのかもしれません。だから、懐かしさを感じてしまうのでしょう。現代社会特有のテクノストレスを感じている人間にとって、自然を身近に取り入れようとするのは、ある種、当たり前のこと。だから今、「雑木の庭」が注目されているのです。

【里山の風景を作り上げる】

敷地に合った樹木を使用する

植える木の種類は、地元によく生えている木を中心に考えます。イタヤカエデなど寒い地域に生えている木を暖かい地域に植えると鉄砲虫などの被害に遭いやすくなります。植えたい場合は、幼虫が発生していないか株元をこまめにチェック。発生時は殺虫し、患部に樹木保護剤を塗っておきます。

モミジやツツジなど、その地域に自生する木を使用すると、根つきもよく、病虫害の被害も受けにくい

木の下に下草を植える

右／ソヨゴの株立ちの下にリグラリアを。左／ハイノキの株元にクリスマスローズを植える

自然の雑木林でも下草が生えています。雑木林では、人間の手が入るので、雑木の下にも光が行き届き、株床でも元気に育つのです。雑木の庭でも下草を植えましょう。下草を植えることで庭に立体感が出るばかりでなく、四季折々の花を観賞できます。1年の花暦を作り、いつも何かが咲いているようにするとより楽しめます。

自然な風景を作る

里山の起伏を作る

山里の地面は、真っ平らではありません。年月を経てできた起伏があります。そこで地面に自然な曲線（地形《じがた》）を造ります。

まず、植栽スペースは地面からグッと盛り上げて始まります。ゆるやかに盛り上げた「ムクリ」を作り、その後、なだらかに反った「テリ」を作ります。この起伏をつけることで、まだ奥に何かがあるような錯覚効果も生まれます。初めの盛り上げる部分のみ、少し急にしないとだらしない印象になるので注意が必要です。

写真左の部分に「ムクリ」と「テリ」の里山の起伏を作り、気勢を張って樹木を植えた

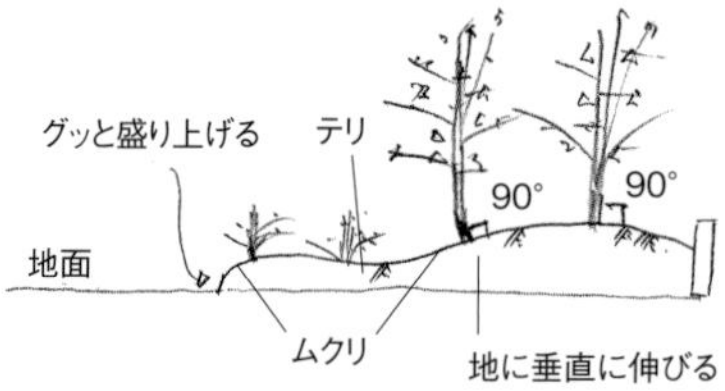

気勢を張って自然に作る

雑木の庭では「気勢」という言葉をよく使います。気勢とは、形から感じ取れる勢いのことをいいます。気勢の考え方は細かい植栽にまで及んできます。

たとえば、自然界で木が地面から芽を出すときには必ず地面と直角方向に出し、生長するにつれて光が差し込む天空に向かうようにカーブを描きます。斜面に木を植えるときには根元がそのように曲がった木を使います。山に生えているときと同じ自然な形になるばかりでなく、気勢も表現できるのです。

気勢を張って仕上げた青枝垂れモミジ。さらに川面に向かって曲がった形になっていく

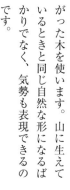

【川の流れや自然石を使う】

流れを取り入れる

庭に水の流れがあると、動きが生まれてきます。夏には、キラキラときらめく光の反射もあってとてもきれいですし、サラサラと流れていく音は、心を安らかにしてくれる働きがあります。

水の流れは、自然界の川と同じように蛇行させることが大切です。そして、川の両側に生えている木は、より明るい川面の方向に枝をのばし、両側から川に向かって斜めに育っているように気勢を張ります。

水の流れを作ると、庭に動きが生まれる。光の反射や水音も癒やし効果がある

石は自然石を使う

石は自然石を使うのが基本。石自体が勢いや力強さを表現してくれます。上流の石は険しく尖ったような形をしており、里がある下流に行くにしたがって、水に流されて削られ、丸くて小さな石になっていきます。流れの中で石を使うときには、自然の仕組みをよく理解したうえで配します。

流れが曲がっている部分は、年月を経て水流により石が削られていきますから、流れで浸食したように石を組むのがポイント。水流がぶつからない反対部分は、逆に流れに向かって石をせり出させます。

ゴツゴツとした大きめの自然石を並べ、里に流れる流れを表現

庭づくりで注意したいのは「何を見せるのか」ではなく、そこに住む人や訪れた人が「何を感じ、それがどう心に響くのか」ということ。そのためにも自然な雰囲気を表現した庭づくりは、大切になってきます。

風と水を把握する

私は風水を勉強して庭づくりに生かしていますが、その中心となるのが風と水。木を植える場合、風の通り道である風道を見つけ、「ここを抜けた風は、このように抜けるからこの場所に木を植えよう」と考えて風通しを良くしています。風当たりが強い部分はできるだけ避けるようにします。

排水も大切。植物が枯れる原因の90％は根腐れといわれます。水はけが悪い場所では土壌改良を施したり、暗渠《あんきょ》を造るなどして、水が溜まらないようにします。

風の道を生かし、風通しが良くなるようにデザインしている

囲まれ感を作ると落ち着く

囲みには両サイドからの囲みと全体の囲みがあります。ほど良い囲まれ感を作ると、気分が安らぎます。それは昔、母親の子宮の中にいたことを思い出すからといわれています。ただ囲まれていても塀で囲まれていたのでは、そこは牢屋。雑木で囲まれた庭には、視覚的にほど良い抜け感があるので、物理的には囲まれていてもその抜け感によって圧迫感がなく、落ち着けるわけです。

囲まれた部分には、テーブルや椅子を置きましょう。家族みんなで食事をしたり、お茶を飲んだり……。さわやかな風に吹かれながら、落ち着いた気分に浸れます。

囲まれ感をより強調するため、レンガと石で造ったくつろぎのコーナー

落葉樹と常緑樹の割合は7対3が基本

落葉樹ばかりを植えた庭は、冬場さみしくなってしまいますから、落葉樹を7割、低木の常緑樹を3割くらい植えるようにします。私の場合は、アセビやシャクナゲ、シラカシなどを植えることが多いです。

樹木はすべて透かせて見せることが重要。透かしてその先の木も見えるようにすることで遠近感が生まれてきます。ドウダンツツジやツゲなどの刈り込みした玉物と呼ばれるものは、視線がそこで止まってしまうので使わない方がいいでしょう。

また、常緑樹は隣家など目隠ししたい場所や吹き抜けてくる風を止めたい場所に使用します。

落葉樹と常緑樹の割合は７対３が基本。手前に葉色が薄い落葉樹を植え、奥に常緑樹を植えて立体感を出している

2：6：2の公式を利用する

いい樹木、いい石ばかりを集めて庭を造る人もいますが、それでは全体の調和が取れません。一般社会では、美人2割、普通の人6割、そうでもない人2割というのが通例。社会人にしてもその割合で、仕事ができる人、普通の人、できない人と分かれます。美人ばかりを集めて、だれがいちばん美人かという美人コンテストのような庭は、逆に魅力がないのです。石もいいものばかりを揃えるのではなく、いろいろなものを混ぜた方が、いい庭になるのです。

美しい風景を作る

園路は蛇行させるのが良い

人間の手が入っていない自然界の川は、かなり蛇行しています。アマゾンなどジャングルに流れる川を空から撮影した写真などを見たことがある人も多いでしょう。

人間も川の流れと同じ。意識をしないで歩くと、微妙に蛇行していることがわかります。人間工学的にいっても人は絶対に真っすぐには歩けないようにできているのです。そこで園路や飛び石を施工するときには蛇行させます。長方形の石を並べるときにも、左右に少しずつずらします。

蛇行させることで、人間が歩きやすくなってくるだけではなく、デザイン的にも奥行きが生まれてくるのです。

園路を蛇行させることにより、歩きやすくなるばかりでなく、デザイン的にもおもしろくしている

上／飛び石をホンポンと離し、さらに曲げることで奥行き感が出る。下／玄関までのアプローチを斜めにして変化を出す

手前を薄く、奥を濃くすると立体感が生まれる

植えるときは、葉が大きい木を手前にもってきて、奥に葉が小さい木を選んで植えます。剪定をするときには庭の手前にある枝を薄く透かして、後ろにある枝を濃く透かすようにします。そのように手を入れることによって、庭に遠近感が生まれ、狭い庭も広く見せる効果があります。

これは、すべての木を同じように見ようとする人間の目の錯覚を利用したものです。

同様のことが幹の太さについてもいえ、手前にある幹を太く、奥を細くすると遠近感が生まれてきます。もちろん色も関係してくるので、手前に葉色が薄い木をもってきて、後ろに葉色が濃い木を植えるようにするといいでしょう。

常緑樹は、近隣の家の窓やエアコン室外機など目ざわりなものを隠すのに好都合。後から家の境に塀を立ててしまったら、相手は決していい思いはしませんが、木で目隠しすれば嫌味になりません。さらに相手とのコミュニケーションも取りやすくなってきます。

こっちから見ても美しいし、相手側から見ても圧迫感がなく、心も癒されるというのが、木がもつ素晴らしい効果といえるでしょう。

美しい風景を造るには、自然界の生態の仕組みを研究することが大切。その仕組みを自分なりに解釈し、美的センスを加味していくのです。自然をそのまま真似るのではなく、自分なりに表現することで美しい庭が造れるのです。

「隠す」「透かす」「見せる」がポイント

すべてをストレートに見せてしまう庭は、魅力に欠けます。道路から見ても「いったい奥はどんな庭になっているんだろう」と興味をもたせることが大切です。つまり期待感があることが重要なんです。私の場合は、3分の2は隠すようにしています。その先はちょっと透かして、さらに先はすべて見せるような設えに。

そうすると、家を訪れた人がとてもいい感情をもってくれます。玄関にはお客さんや宅配便業者などが訪ねてきますが、そのうち玄関だけで帰る人が9割といいます。その人たち全員にいい感情をもってもらうことが大切なんです。

左の写真と同じように石を並べた。フェンスとしても活躍

白い棒状の御影石を並べて、やんわりと奥を目隠し。さらに手前にアイストップとして水栓を設けた

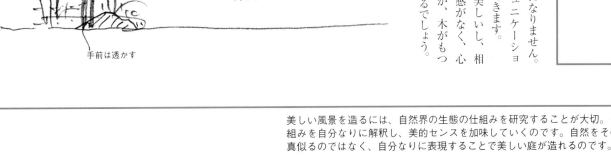

植栽は不等辺三角形にし1角が90度になるようにする

どんなものでもランダムに並べていくだけでは、美しくはなりません。美とは幾何学だと思っています。一定の法則にしたがって組み合わせていくことで初めて美しいものになるのです。私の庭づくりの場合は、まず90度を基調にしています。なぜなら自然界で最も安定した角度が90度だからです。

黄金比率は、安定した美を与えてくれる割合として有名です。黄金比率とは、(√5－1) ÷2といわれ、ほぼ1：1.618になります。わかりやすい整数に直してみると、3対5が黄金比率とかなり近い数値になります。この数値を意識して造っていきましょう。木を植えるときには、まず花菱の形に線を引きます。見る方向から斜め45度に直線を引き、その線に90度で交わるようにもう一方の線を引きます(図参照)。この線が交わった点のところに植栽していきます。

その際に考えなければいけないのは、庭の正面から見て、木が3本以上直線に並ばないようにすること。また、木を結ぶ3本の線が不等辺三角形になるように植えることが重要。本数が増えても必ず不等辺三角形になるように植えていくことで、正面から見ると奥行きを感じる自然な仕上がりになるのです。

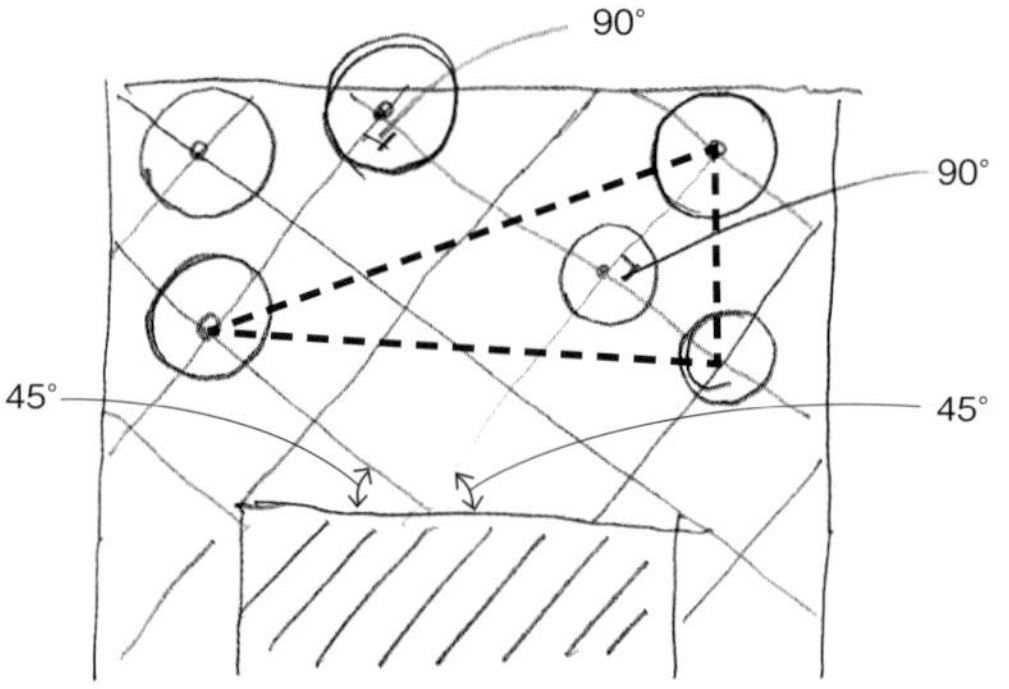

花菱型に配植する

モミジ、カツラ、アオダモなどの木を結ぶと、すべて1角が90度の不等辺三角形になる

俯瞰《ふかん》8度がいちばん美しい

室内から庭を眺める場合、水平より8度ほど下を向いて見るのがいちばん楽です。和室なら畳に座った位置から、洋室ならソファやダイニングチェアに座った位置からその角度を計るようにします。

なぜなら人間は、真っすぐ水平を見ていると疲れてしまうようにできているからです。高いところを見続けていると、さらに疲れてしまいます。そこで俯瞰8度の場所につくばいなどのアイストップ※を置くようにして、無理なく眺められるようにします。

俯瞰8度の場所にアイストップとしてつくばいを置いている

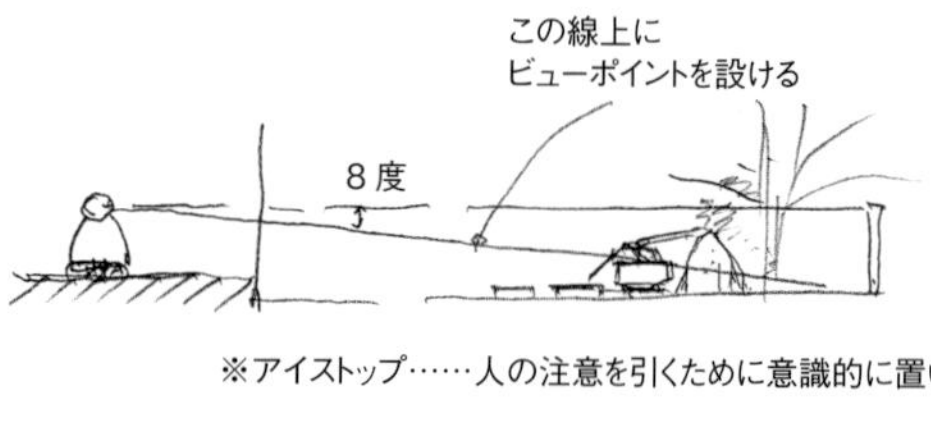

「空間軸」と「時間軸」を考える

植栽で重要なことは軸を見て、木を植えていくこと。軸とは、「空間軸」と「時間軸」を指します。

最初に構成するのは空間軸ですが、その後、何年かしたら枝などがどのように変化していくかを考えながら植えたり、剪定したりするのが時間軸。時間が経つと、強い種と弱い種の組み合わせなどで淘汰される木も出ます。未来を予測し、時空を超えた庭づくりを考えましょう。

5年、10年と経たときにどのように変化していくかを考える

※アイストップ……人の注意を引くために意識的に置いたもの

美しい庭を保つメンテナンス

雑草が生えない工夫をすれば、手間がかからない雑木の庭。10人中10人が、メンテナンスが楽といいます。それでも少しずつメンテナンスをすれば、より元気に育ちます。

雑草をいかに生えさせないかがコツ

比較的メンテナンスが楽といわれる雑木の庭ですが、より手入れを楽にするには、雑草が生えないようにすること。宿根草を植えると、雑草を抑えてくれるばかりでなく、花色も楽しめます。宿根草は横に広がるタイプがいいでしょう。

しかし、宿根草だけではカバーしきれないので、グランドカバーも植えます。ツルニチソウ、モリムラマンネングサなどがいいと思います。バークも有効ですが、最初から入れると植えたグランドカバーが広がらないので、ある程度生長してから入れます。

バークを入れるときは、草花がある程度のびてからまくようにする

土をふかふかにしてあげる

弱ってきていて、あまり元気がない木は、まわりの土の表面が固くなってしまっていることが多いです。つまり土がかたいので、根が健やかに張ることができず、水や養分を吸うことができない状態になっているのです。

そんなときには、剣先スコップなどの道具でかたくなっている部分をリッピング(掘ること)してあげます。その際、腐葉土などの土壌改良剤をよくすき込んであげ、ふかふかの土にします。土壌の状態が良くなれば、生長が良くなり、次第に元気になってきます。

リッピングと土壌改良をした土は、保水性、保肥性が高まり、たくさんの空気も含まれるようになるので、木の生育が良くなります。また、微生物の活動も活発になってきて、木にとってより良い土壌の状態を保てます。

透かしを施し、光を通す

新緑ですべての葉が出揃った6月の頃と秋の2回、剪定を施すと美しい樹形を保つことができます。剪定をするときにはそれぞれの幹が見えるように枝を切り、さらに切り口は庭を見ている人からは見えない後ろの方で斜めに切っていきます。

剪定は基本的に風通しを良くし、下の方の枝葉にもまんべんなく光が当たるようにすることですから、木の上の方を薄く透かし、木の下の方は濃くなるように透かします。そして、ただ切るのではなく3次元の空間を作り上げることを、念頭に置かなければいけません。空間づくりをすることが、すなわち手入れなのです。

剪定では透かして、木の下にある低木や草にも光が届くようにする

肥料のあげ方と水やりの仕方

肥料は化成肥料を使わずに、冬の間に油粕を混ぜることをおすすめします。私は、腐葉土と牡蠣の貝殻を粉々にしたものを混ぜた肥料を使用しています。粘土質の土地では、土壌改良材を兼ねてバーク堆肥を使うのもいいでしょう。

水やりは、根付いたらあまりやる必要がありませんが、植えつけた直後は必要になります。ただし、昼間は避けて、朝か午後4時以降の涼しい時間帯に行ないます。夏の暑い昼間に水をやると、葉についた水が光を集め、葉焼けしてしまったり、地中に染み込んだ水が熱くなり、根が傷んでしまいます。頻繁に水やりをする人もいますが、それでは木が甘えてしまいます。生命力を高めるため、少し辛抱させるくらいがちょうどいいのです。

雑木の庭をきらめかせる

植栽アイデア 4

窓からの眺めを演出する

庭を造るうえで室内からの眺めを考えることは不可欠。これは、どんな庭にでもいえることです。雑木の庭では、雑木のさわやかな枝葉や幹が楽しめるように効果的に配置することがポイント。四季の移ろいも感じることができ、生活に潤いをもたらしてくれます。

ウッドデッキをのびやかにしつらえたリビング前。中央に植栽の枡を設け、ナツハゼを、芝生側にはアオダモを植栽。ややずらして植えたことで、奥行きが感じられ、広さとみずみずしさのある風景を演出している

和室の前に設置した御影石と木のデッキに、美しくそよぐモミジの緑が美しく映えている。六方石を立てて造ったつくばいが風景のポイントになり、見応えのあるシーンを作り上げている

別荘地にいるような緑の静けさが広がる、玄関の窓からの眺め。株立ちの幹や葉が美しく、正面奥のつくばいとともに、ピクチャレスクな風景を作っている。眺める角度を変えると斜め奥にテラスのコーナーが眺められる

アトリエの前の涼しげな空間。庭のポーチには室内と同じ白河石が使われ、窓が全開できるので部屋と庭とが一体化し、広々と感じられる空間に。モミジが幹を斜めに広げ、薄い葉が明るさをもたらしている

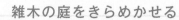

広がりを演出した小さな雑木の庭

広いスペースで大胆な演出をすることが多い雑木の庭。

しかし、例え狭い庭であっても、魅力的な庭を造ることができます。

下枝のない大きな木は手前に、奥には小さい木を植えるなど、遠近感を利用しましょう。

延段で奥行き感を出して広さを感じさせる空間デザイン

◆T・Kさん（東京都）

主木

ヤマモミジ、コハウチワカエデ、ツリバナ、トキワヤマボウシ

ダンコウバイ＋トキワヤマボウシ

広い葉のダンコウバイが、奥に抜ける視線をストップ。冬は落葉するので、空間を明るくしてくれる。トキワヤマボウシの白花が、初夏のさわやかさをアップ

DATA

設計・施工／大宏園

庭の面積／約60㎡

園路の先に設けたウッドデッキのスペース。デッキの手前に、水場を含めた立ち上がりのある花壇を設けて、見せ場を作っている

ヤマモミジ＋コハウチワカエデ

軽やかな印象のカエデ類を多用し、空間に圧迫感を与えない植栽に。切れ込みのある葉が作る影がさわやか

たくさんの緑に囲まれた リラックスできる庭

都心にあるT・Kさんの庭。南側の細長いスペースに、みずみずしい空間が広がっています。

以前の庭はただの通路のような空間で使い勝手が悪かったので、もっと有効に活用すべく大宏園の大島さんに相談。狭いながらも、居心地の良い空間ができ上がりました。

植栽は、ツリバナやカエデ類などのそよそよとした落葉樹を配して、頭上をやさしくカバー。やわらかな葉が、真砂土のたたきとイタリア斑岩を組み合わせた延段状（短冊状の石張り）の園路に、美しい緑陰を落としています。

園路脇では、山野草や苔を植栽。その茶庭のようなしっとりとした空

ウッドデッキから手前にのびる濡れ縁が、空間に奥行きを感じさせる。樹木は株立ちを選び、軽やかな印象に

ツリバナ＋コハウチワカエデ

庭の一角に配した水鉢。中ではメダカを飼っているので、光が強く当たらないように、そよそよとした木で覆っている

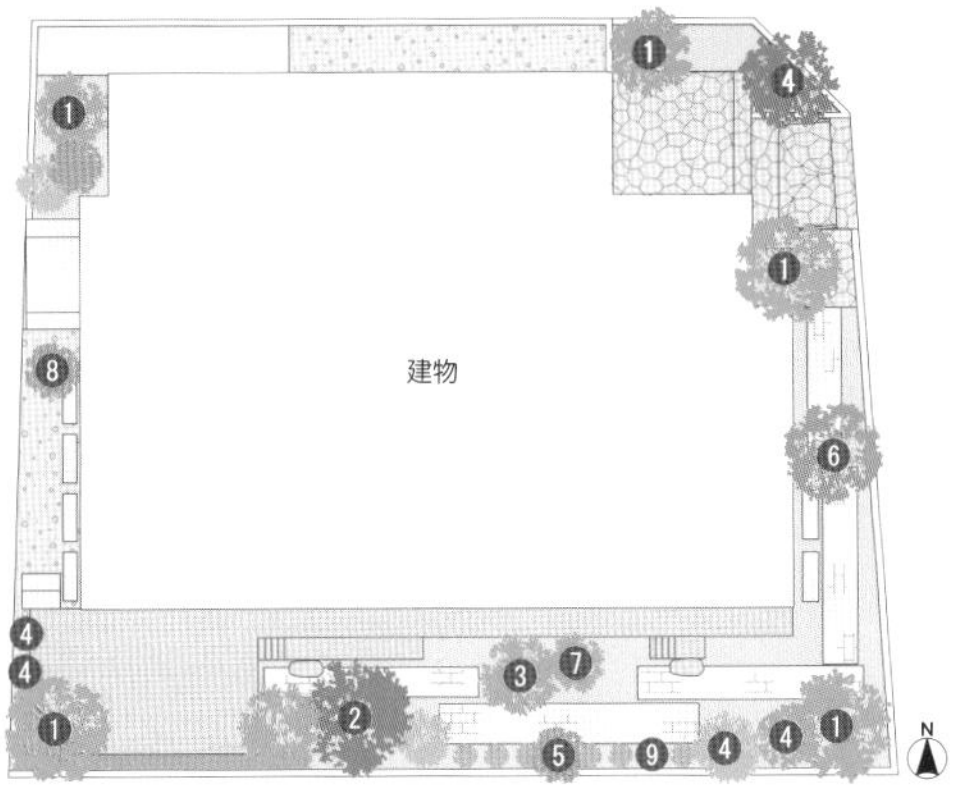

主な中高木

❶ヤマモミジ、❷コハウチワカエデ、❸オオモミジ、❹トキワヤマボウシ、❺ヒメシャラ、❻ジューンベリー、❼ダンコウバイ、❽シマトネリコなど。

主な低木

❾アオキなど。

主な下草

コケ類、アオイ類、タマリュウ、カンスゲ、アガパンサスなど。

主な資材

イタリアンポルフィーノ（斑岩石）、ウリン材など。

やわらかい光を放つ真ちゅうのライト。つややかなアオキの葉が美しく反射。数カ所に配して、夜の風景も楽しんでいる

以前の庭からあった石を随所に配して、苔とともに深山の佇まいを演出。かたわらで、クマガイソウやアオイ類などが季節の彩りを添える

Point

フェンスの下は植栽でまとめ風通しや明るさを確保

隣家との境に設けた、高さ2mほどのウッドフェンス。 地際から80cmほどの高さまでは横板を張らず、斑入りや細葉のアオキを列植。常緑なので、一年中、明るさとみずみずしさをプラスしています。

間の奥にウッドデッキを設置しました。明るく開けた空間は開放感たっぷり。落ち着きのある色のウッドフェンスを設置したことで、まわりの目を気にせず過ごせます。「外からの視線が気にならないので、リビングのカーテンを開けっ放しでも大丈夫。庭を眺めながら過ごせるのがうれしい」とT・Kさん。長い濡れ縁に腰かけて、庭を眺めているときが、リラックスできるお気に入りの時間だそうです。

大好きな苔と雑木を組み合わせ しっとりとした癒しの風景を実現

主木
モミジ、コハウチワカエデ、ヒメシャラ、ツリバナ

◆Nさん（静岡県）

ヒメシャラ＋アブラチャン

ヒメシャラとアブラチャンは既存のものを移植。移動距離はわずかだが、「手間を惜しんだらいい庭にならない」と大宏園の大島さん

砂岩の方形石の石組みで市販の照明器具を覆い、風情ある添景物に。石のすき間からもれる光が美しい。まわりには、華奢な草花を植えて、やわらかい印象をプラス

玄関わきにあるアプローチの庭のいちばん奥には、フォーカルポイントとして水場を設けた。石組みの立水栓や焼き物の鉢が、周囲の緑と調和してやさしい景色に

苔や下草、樹木をバランス良く配置

「庭をリフォームする際に希望したのは、もともと好きな苔を植えるこ

DATA

設計・施工 / 大宏園

庭の面積 / 約 40 ㎡

と、季節感を感じられる場所にすること。だから、苔とよく似合う雑木を生かした空間にしようと思ったんです」というNさん。書籍で施工例を見てセンスにほれ込んだ大宏園の大島さんに庭づくりを依頼することにしました。

Nさんの住まいは高台にあり、庭全体の形はL字型。途中から木製フェンスで区切り、玄関に至る階段を上がったところにあるアプローチの庭と、その奥にある中庭に分けています。アプローチの庭は住まいの外観イメージに合わせた洋風のデザインに。そして、中庭は念願の苔と雑木の空間としました。

中庭は、玄関ドアを開けると目の前にある、大きな掃き出し窓から眺めることを想定してデザインしてあります。この窓のすぐそばにある株立ちのコハウチワカエデと、株元に広がる苔のしっとりとした緑が見どころ。園路にはランダムな形の平石を不規則なパターンで敷きました。

また、庭の各所に配置した鳥海石は、多孔質のため、いずれは苔が根づいて表面を覆う予定。苔や下草、低木、中高木をバランス良く配置することで、地面から見上げる高さまで緑を楽しめる、風情豊かな景色を作り出しています。

「帰ってきて玄関ドアを開けると、きれいな緑が広がっていてホッとします」とNさん。以前より明るく広くなった庭に大満足しています。

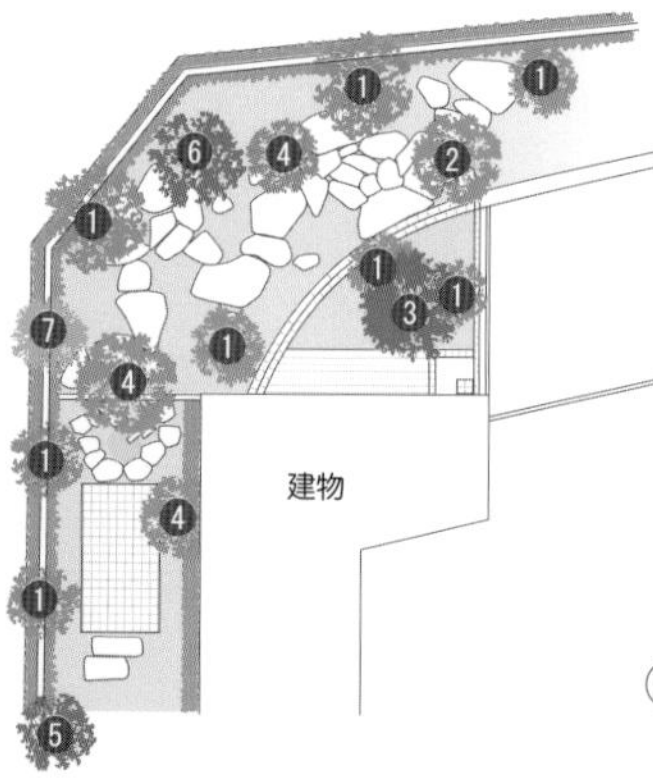

主な中高木

❶モミジ、❷ヒメシャラ、
❸コハウチワカエデ、
❹トキワヤマボウシ、
❺シマトネリコなど。

主な低木

❻アブラチャン、❼ダンコウバイなど。

主な下草

ジゴケ、ハイゴケ、キョウガノコ、
ヤマシャクヤク、コクリュウなど。

主な資材

イタリアンポルフィーノ（斑岩石）、
鳥海石など。

Point

ほど良い風通しのフェンスで雑木と苔を共存させる

風通しが悪いと蒸れて雑木に良くないが、風通しが良すぎると乾燥して苔に良くないです。木製フェンスのすき間は、ちょうどいいあんばいを狙いました。下草のホソバアオキは、隣家に対する目隠し。

コハウチワカエデ＋モミジ

玄関ドアを開けると、掃き出し窓ごしにみずみずしい緑の風景が楽しめる。手前側は苔の広がりを見せるため、あえて下草を植えなかった

モミジ＋トキワヤマボウシ

アプローチの庭。下草は、手前側に背が高くて茎が細いツルバキアを植えた。背景が透けて見え、奥行き感が出る

園路の平石は、イタリアンポルフィーノ。粗い表面の質感とランダムな形、不規則な配置パターンが苔の美しさを引き立てる。まわりの黒い石は鳥海石

壊れたコンクリート塀の跡に黒いピンコロ石を配した。目地には珪藻土を入れてラフな雰囲気に。黒い色が庭の景色を引き締めている

コハウチワカエデ＋モミジ

雑木と苔、石が織りなすしっとりとした空間。株立ちのコハウチワカエデは、玄関の大きな掃き出し窓から眺めたときのポイントに

広がりを演出した
小さな雑木の庭
◆3

昔からあった樹木を生かし これからの家族の歴史を創る庭に

主木

ヒメシャラ、シダレザクラ、トキワヤマボウシ、ノムラモミジ

◆A・Kさん（東京都）

モミジ＋ヒメシャラ
紅葉や木肌の美しいヒメシャラやモミジを植栽。幹の間から見える風景や自然な流れの砂利が奥行きを感じさせる

石積みに朽ちた土壁を立て 長い年月の風合いを表現

この庭を造る際に念頭に置いたことは、「家族の思い出を紡いでいく場所にすることでした」というAさん。以前からある思い出深いヒマラヤスギやザクロを生かした庭づくりに挑戦しました。場所の関係から、ザクロだけは造園前に前庭へと移動。モッコクは、シンボルツリーとして新たに入れました。

ご主人は風水に造詣が深く、家も風水にのっとって建てました。裏庭は風水では鬼門の場所になるため、水のものを置けず、白い砂利で水の流れを表現しています。ここには、長い年月を経た太いヒマラヤスギが植わっており、その幹の太さに負けないように石積みで力強さを強調。石積みの上には土壁を立てて、長く使用し続けて風化してきている雰囲気を演出し、年月を経た大木との調

DATA

設計・施工／やまぎわ夢創園

庭の面積／140㎡

ヤマボウシ＋ヒメシャラ

株立ち状に育つヤマボウシやヒメシャラを植えた。バーベキューなど家族が楽しめる多目的なスペースになっている

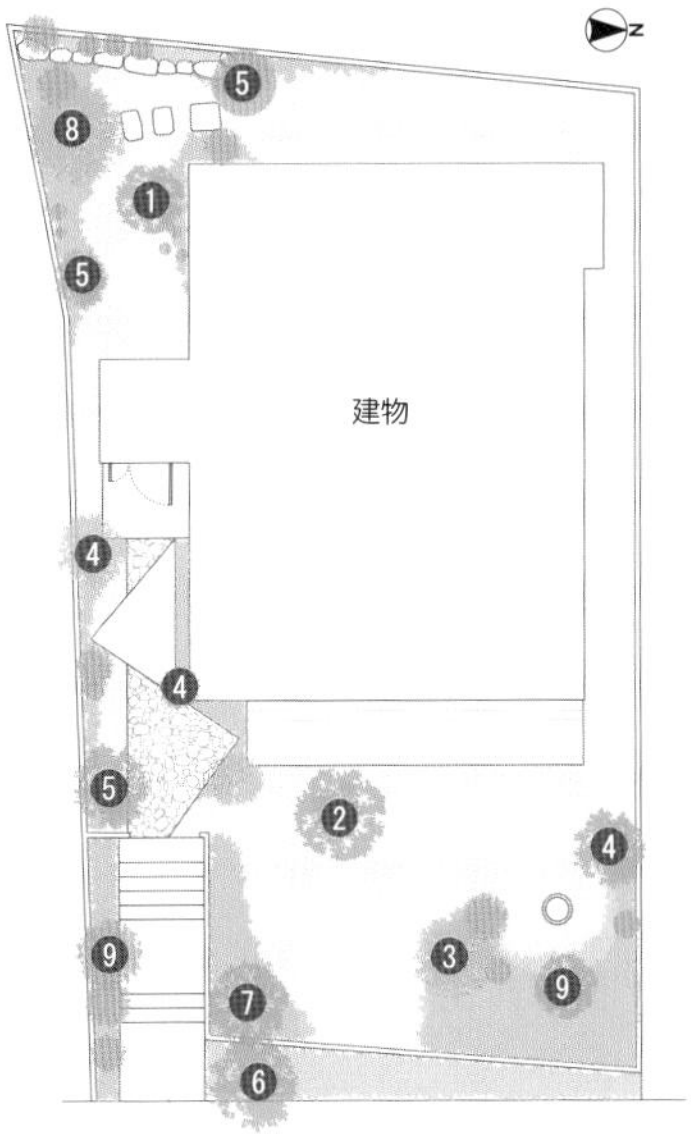

主な中高木

❶ヒメシャラ、❷シャラ、❸シダレザクラ、❹トキワヤマボウシ、❺ノムラモミジ、❻モッコク、❼ザクロ、❽ヒマラヤスギなど。

主な低木

❾ヤマブキなど。

主な下草

ヤブコウジ、シャガなど。

ヒメシャラ

玄関に入って正面の窓から見える裏庭。お客さまにもゆっくり楽しんでもらえるようにベンチを設けた

冬は赤くなり美しい木肌が楽しめるヒメシャラ。敷いている明るい色の砂利が、より木肌の赤色を引き立てる

バードバスの中央にある水鉢は、緑に苔をつけてアレンジ。リズミカルに落ちる波紋や水音が心地いい

Point

あまり見せたくないものは隠す

アプローチに排水溝があるので、石でふたを隠しています。下水桝は開ける回数が多いので、ヒモのついた石で開けやすく。雨水桝は、どこにあるかがすぐにわかるように丸い石を使って目印にしています。

和を計っています。また、枝が細い木を手前に植えて対比させました。玄関内のガラスからこの裏庭の様子を眺めることができ、来客からも好評を得ています。

前庭は、芝生と水場がテーマ。最初は水場を設けない予定でしたが、娘さんが鳥を見るのが大好きということで「やまぎわ夢創園」から採用することを提案されました。

「バードバスに野鳥が親子連れでやってきて、水浴びをしている様子を娘と一緒に眺めています。今や野鳥は、私と娘のペット的な存在です」というご主人。今では大のお気に入りの場所になりました。

広がりを演出した小さな雑木の庭 ◆4

ダークカラーのフレームのゲートが、やさしい印象の空間を引き締めている。奥行き感も演出した

雑木が作る住宅街のオアシス つややかな葉が潤いをもたらす

主木 シマトネリコ、アカシデ、ジューンベリー

◆内田美奈さん（東京都）

すらりとした植物でモダンな空間に

大通りから一歩住宅街に入ると、緑豊かな植物が映えるお宅が見えます。ここは庭も兼ねた内田さんの玄関アプローチ。以前はコンクリートと石を敷いたカーポートだったというこのスペースは、植栽はなく味気ない空間でした。3年前に思い切って車を手放し、植栽スペースのあるアプローチにリフォーム。「緑を楽しみたいので、モダンで自然な風景を造ってほしい」と「ザ・シーズン世田谷」の楢舘さんに依頼しました。

隣家側には常緑性のシマトネリコをセレクトし、3本を隣家との境界側に列植。迫り立つ隣家の壁をやんわりと隠しています。通路側には葉の薄い落葉樹のアカシデとジューンベリーで、軽やかさを出しました。株元には、細葉のマホニア'コンフューサ'やアスパラガス・スプレ

DATA
設計・施工／ザ・シーズン世田谷
庭の面積／25㎡

玄関ポーチの方向から庭を見た景色。隣家や前の家の壁が隠れ、スッキリとしている

2階から見下ろすと、木々が空に向かって葉を広げる様子が楽しめる。舗装面の石のデザインが美しい

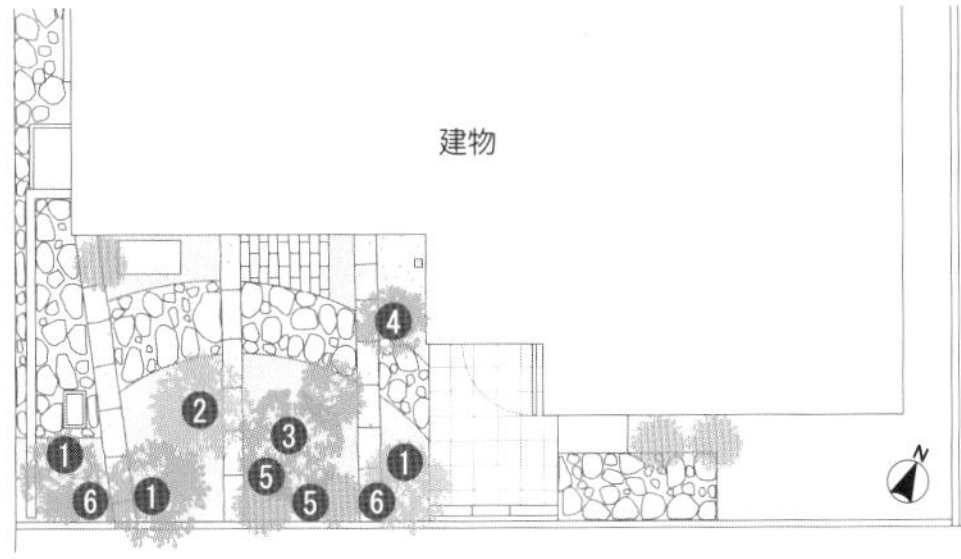

主な中高木

❶シマトネリコ、❷アカシデ、❸ジューンベリー、❹アカシアなど。

主な低木

❺マホニア、❻シルバープリペットなど。

主な下草

アスパラガス・スプレンゲリ、ヒューケラ、クリスマスローズなど。

主な資材

クォーツサイト（グランドアルハンブラ）など

シマトネリコ

株元にはマホニア、メドーセージ、クリスマスローズなどを植栽。ヒューケラの銅葉がポイントになり、植栽の色合いに深みがもたらされる

園路脇でふわりとのびるサルビア・レウカンサ。夏から秋に咲く赤紫の花が美しい。園路の石によく映えている

ンゲリなどふわりとした低木や草花を植えて、明るさを添えています。また、シャープなニューサイランを巧みに取り入れ、モダンなエッセンスをプラス。下草も常緑をメインとしているので、冬も寂しくなりません。

「小さな庭だけど、しょっちゅう手入れをしています。無心になれて本当に気持ちがいいんです」と内田さん。最近、道行く人が植物のことを聞いてきたり、話しかけられたりすることが多くなったのだとか。小さな雑木の庭は、家の人のみならず、近所の人の心まで豊かにしてくれる、大切な存在になっているようです。

Point

美しさと実用性を兼ね備えたデザイン

植物の手入れをしやすくするため、植栽スペースにも舗装の石が入りこむように設置。風通しも良くなり、病害虫も減少。デザイン的にものびやかな動きと、変化が生まれ、広がりを感じるようになりました。

高台という立地を生かした風通しの良さが気持ちいい庭

主木

アオダモ、イロハモミジ、ヒメシャラ、ナツハゼ、常緑マユミ

◆竹村いづみさん（神奈川県）

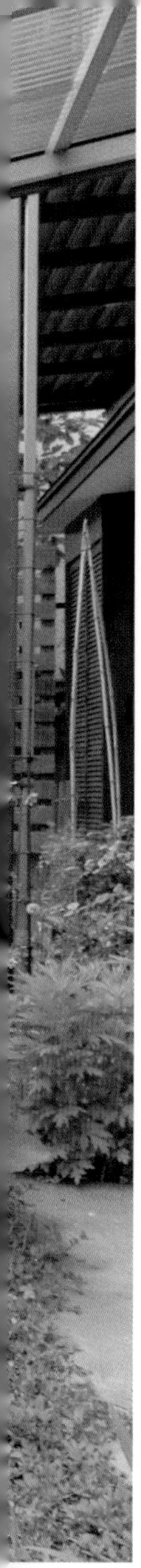

ナツハゼ

もともと庭にあった雪見灯篭を生かした流れのあるシーン。秋になるとナツハゼが真っ赤に紅葉し、見ごたえがよりアップする

Point

見た目と機能性を兼ねた水鉢まわりのろ過用の石

水鉢から流れ出た水は、ポンプで循環させていますが、水鉢のまわりにも多孔質の石のようなセラミック材を敷いて、ろ過の役割を持たせました。溶岩の石のような形なので、見えても自然な雰囲気になります。

ニワナナカマド

流れのまわりにぐるりと石を配した、風情漂う細い園路。回遊するための園路ではないが、これがあると庭の手入れが格段にしやすくなる

雑木の下は草花を楽しむ場所に

雑木の下で可憐な花が咲いている竹村さんの庭。かつては、陰葉樹がうっそうとして、大きな石がごろごろある、「気持ちがいい空間」とはほど遠い庭だったとか。そんな庭を変えるべく、グリーンギャラリーガーデンズの吉田さんに庭のリフォームをお願いしました。

大木のヤマモモとヒメシャラはそのまま生かし、そのほかは撤去し、さわやかな印象のする雑木を加えました。敷地をぐるりと囲むように列植していたネズミモチも撤去。代わりにイギリスの牧場柵を張りめぐらせたことで、風通しが良く、閉塞感のない空間になりました。また、大きな石は既存のヤマモモのまわりに集めてロックガーデンのように並べたり、水場まわりに積んだりするなどして再利用しています。

雑木の株元はすっきりとさせ、草

DATA

設計・施工／グリーンギャラリーガーデンズ

庭の面積／50 ㎡

アオダモ
植栽でボリュームを持たせたコーナーを縫うように、園路を蛇行させ、庭に奥行き感を出している

ナツハゼ＋ヤマアジサイ
クリの倒木を使って作った筧から水が落ち、四角い水鉢に波紋が広がる、涼しげな情景

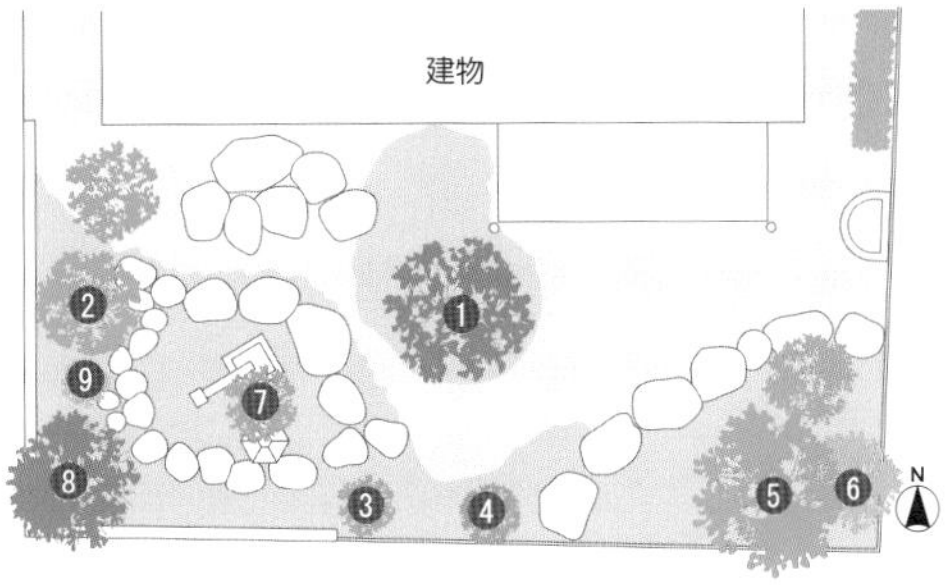

主な中高木

❶アオダモ、❷イロハモミジ、❸モミジ、❹ニシキギ、❺ヤマモモ、❻ヒメシャラなど。

主な低木

❼ナツハゼ、❽常緑マユミ、❾ニワナナカマドなど。

主な下草

クリスマスローズ、ギボウシ、フウチソウ、ヒメトクサ、ヒューケラ、シランなど。

主な資材

既存の石、セラミック材など。

花を植えるスペースに。「大好きな草花を植えられるようになり、夫婦で外に出る時間が多くなりました。鳥もたくさん来るようになったのもうれしい」と竹村さん。住む人だけではなく、周辺の鳥たちにとっても、心地良い空間となったようです。

果樹と雑木のコンビネーションで海外での生活が思い出される空間に

◆K・Kさん（神奈川県）

主木
シマトネリコ、エゴノキ、ジューンベリー、フェイジョア

奥のゾーンにある石のサークル。中央にはコンテナ植えのオリーブを置いて、印象深いシーンに

効果的に配置して印象を深める構造物

海外生活が長かったKさん。向こうでは数々の果樹に囲まれて生活していました。日本に戻り、「果樹を楽しみながら自然な庭を楽しみたい」と、「ザ・シーズン世田谷」に庭のリフォームを依頼。

主庭に入ると、ひと目で庭が見渡せてしまわないように、エゴノキが前方の視界をやんわりとシャットアウト。エゴノキのさわやかさと、株元の草花が楽しめます。その木をまわり込むようにして石張りの園路が奥に誘います。石は手前に大きめの石を、奥の方に行くにしたがって小さめの石を敷き、庭に奥行き感を持たせる工夫が……。

突き当たりには、白壁を設けてフォーカルポイント（視線が集まる見せ場）にしました。高さを抑えたことで、閉塞感がないほど良い囲まれ感を生み出しています。

DATA
設計・施工／ザ・シーズン世田谷
庭の面積／約25㎡

エゴノキ＋シマトネリコ
主庭の入口に茂る雑木のトンネル。園路に落ちる木漏れ日がキラキラと美しい。季節の草花がやさしい色を添えている

家のリフォーム時に大工さんに
設置してもらったウッドデッキ。
緑に囲まれたアウトドアリビング

雑木と果樹を バランス良く配植

植栽は目隠しをしたい場所、日当たりを良くしたいところなど、目的に合わせて、樹種を選定し、配置しています。大きくなる常緑のシマトネリコは、広々とした玄関や家のコーナーに植栽。その他のスペースはエゴノキ、ジューンベリーなどの雑木類と、夏ミカン、ブルーベリーなどの果樹類をバランス良く配しています。高木を植えていないウッドデッキの前は日当たり抜群。トマトやハーブなどを収穫して楽しんでいます。

雑木と果樹で作ったこの風景は、海外での思い出も美しく織り込まれた家族の空間になっています。

シマトネリコ

シマトネリコが茂り、株元ではアスパラガス・スプレンゲリを植栽。気持ちの良い玄関まわりにした

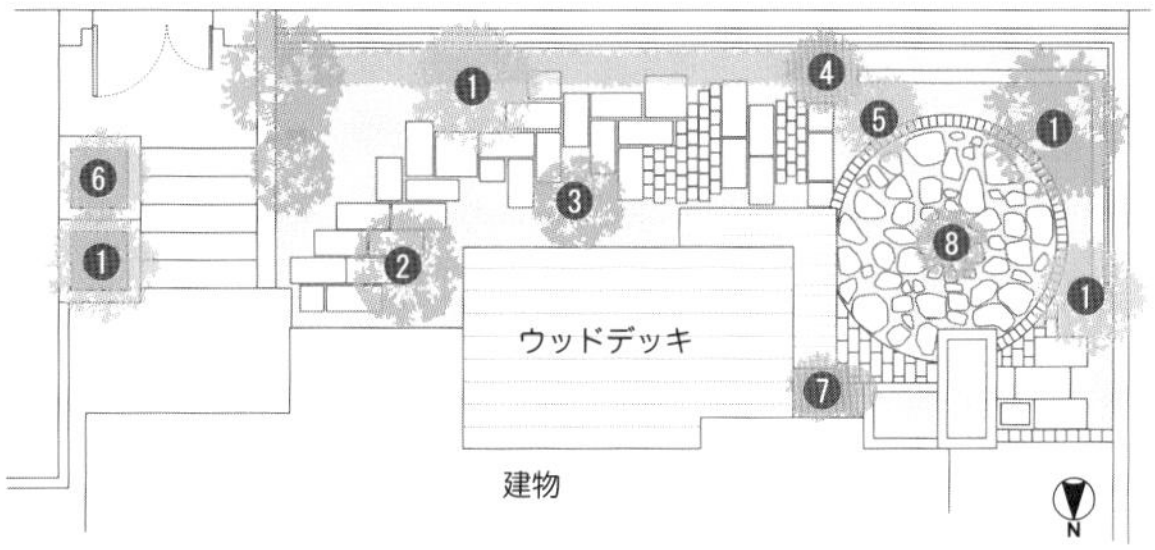

主な中高木

❶シマトネリコ、❷エゴノキ、❸ジューンベリー、❹夏ミカン、❺フェイジョアなど。

主な低木

❻マホニア、❼ブルーベリー、❽オリーブなど。

主な下草

アスパラガス・スプレンゲリ、ヒューケラ、アガパンサスなど。

主な資材

クォーツストーン、レンガなど。

シマトネリコ ＋ フェイジョア

2階バルコニーから見下ろした庭の風景。構造物やテラコッタはウォームカラーで統一し、まとまりのある風景になっている

Point

人目を引く ワンポイントを

家のリフォーム時に、玄関ポーチに張って余ったイタリア製のタイルを突き当たりの白壁にも利用。同色系の小さなタイルで、縦横にラインを引いて、広がりを感じるデザインに。庭に都会的な雰囲気を添えています。

風情たっぷりに演出する

雑木＆植物カタログ

野趣のある佇まいが魅力の雑木。
自然な趣の庭を作るには、雑木をうまく配して、
低木や下草でつなぐことがポイント。
ここでは、庭で育てやすい雑木と、
合わせやすい樹木や下草を紹介します。

落葉樹

Deciduous Tree

エゴノキ

エゴノキ科／落葉高木／開花期:5月

初夏に白い花を無数に下げる。樹皮は暗褐色で落葉時も美しい。やや乾燥に弱いため、株元に直射日光が当たらないように注意。生長はやや早く、剪定は不要枝を切る程度にして自然樹形に仕立てる。テラスやデッキまわりに植えれば夏の緑陰樹に。

ヤマボウシ

ミズキ科／落葉高木／開花期:5〜6月

初夏に白い花、秋に紅葉や赤い実を楽しめる。夏の乾燥と強い日差しで葉焼けを起すことがあるので注意。自然樹形を保つため、一律に刈り込むのは避け、広い場所なら放任して楽しみたい。花を上向きにつけるので、建物の2階からの観賞にも向く。

アオダモ

モクセイ科／落葉高木／開花期:4〜5月

すらりとした細めの幹で、風にそよぐ葉をつける、涼やかな印象。幹肌も美しく、若木のうちは灰色の幹肌だが、古株になると模様が出てくる。春に枝先に白い小花をたくさん咲かせる。日当たりの良い場所を好むが悪くても育つ。

コナラ

ブナ科／落葉高木／開花期:4〜5月

日当たりの良い山野によく見られる野趣のある木。樹皮は灰褐色で縦に不規則な割れ目がある。秋に黄色や赤に紅葉し、枯れて茶色になったまま冬を越し、春に落葉する。秋に果実（どんぐり）がなる。

ヒメシャラ

ツバキ科／落葉高木／開花期:5〜7月

初夏にツバキに似た小ぶりな白花を咲かせる。滑らかな幹は赤みを帯び、木肌や繊細な枝が美しく冬の樹姿も楽しめる。日が当たり過ぎると幹が焼けるので、強い直射日光を避ける。剪定は自然な雰囲気を生かすために枝をすかす程度に。

アズキナシ

バラ科／落葉高木／開花期:5〜6月

幹が真っすぐ上にのび、上の方で枝を広げる端正な樹形。樹皮は灰黒褐色で縦に縞が入る。春に白い小花が咲き、秋に赤く色づく赤い実は、アズキのように小さくて愛らしい。秋には葉が黄色くなる。日なた〜半日陰を好み、耐寒性が強い。

シラキ

トウダイグサ科／落葉高木／開花期:5〜6月

名前は樹肌が白いことからついた。スマートな樹姿で野趣に富む。葉は10cmほどの大きさで、秋にあざやかに黄〜赤に紅葉する。日当たりが良く、強い西日が当たらない場所で、肥沃な土を好む。放任しても樹形が整う。

カエデ類

カエデ科／落葉高木／開花期:4月

日本種、外国種を問わず葉色が美しい。葉が大きく掌状に深く裂けるものも多い。日当たりの良いところを好むが、根元が乾燥しすぎないようにする。剪定は冬の適期以外はしない。自然樹形が美しく、シンボルツリーにも最適。

ジューンベリー

バラ科／落葉高木／開花期:4月

アメリカザイフリボクとも呼ばれる。春に白い花を咲かせ、初夏に赤い愛らしい実をつける。また紅葉が楽しめる観賞価値の高い花木。丈夫で育てやすく、手間がほとんどかからない。株立ち状になるものが多く、ひこばえがよく出るので整理が必要。

ツリバナ

ニシキギ科／落葉中低木／開花期:5～6月

山地に生える、野趣あふれる木。名前は初夏に葉腋《ようえき》から10cm前後の花柄をのばし、小さな花をつける様子から。実は秋になると熟して5裂し、赤い種がのぞく。日当たりと水はけの良いところを好む。なるべく剪定せずに自然な樹形を楽しみたい。

クロモジ

クスノキ科／落葉中低木／開花期:3〜4月

春は新芽とともに黄色の花が咲き、秋に美しい黄葉が楽しめる。芳香のある樹皮は黒斑があり、文字のように見えることからクロモジと呼ばれる。自然樹形を楽しむため、剪定は原則行なわない。枝が上へのびるため、狭い場所にも向く。秋に黒い実をつける。

ナツハゼ

ツツジ科／落葉低木／開花期:5〜6月

夏に新葉がほのかに紅葉する珍しい樹。初夏に淡黄色の花をつけ、秋に黒く熟す実は生食できる。日本全国に分布し、日当たりと排水の良い土地を好む。病害虫にも強く、剪定もほとんど必要がない。野性味のある樹形で、小さな庭にも向いている。

マルバノキ

マンサク科／落葉低木／開花期:10〜11月

名前は「円葉の木」の意味で、木曽地方の方言から来ている。ハート形の葉は芽吹きが美しく、秋には真っ赤に紅葉する。同じ頃に濃赤色のマンサクのような小花を咲かせる。半日陰を好み乾燥を嫌うため、やや湿気のあるところへ。剪定はあまり必要がなく、不要枝をすかす程度に。

ダンコウバイ

クスノキ科／落葉中低木／開花期:3月

早春に芳香のある黄色の小花を咲かせる。大きめな葉の先は3つに分かれていて、秋に美しく黄葉する様子は見事。木漏れ日が差す程度でもよく育ち、病害虫も少ない。生長が早いが、株立ち状の自然な樹形を生かすため、剪定は不要枝をすく程度に。

シロモジ

クスノキ科／落葉低木／開花期:4月

樹形は美しい株立ちになりやすく、狭い庭でも使いやすい。葉や枝に独特の芳香がある。雌雄異株で春に黄色い小花を咲かせる。秋に美しく黄葉する。強靭なので昔は杖として利用された。日なた〜半日陰を好む。

オトコヨウゾメ

スイカズラ科／落葉低木／開花期:4〜5月

春に白い小花を咲かせ、秋には美しい赤い実が下垂する。山に自生するガマズミの仲間の中では葉も花も小さめ。土質は選ばない。自然風に仕立てるため、太枝は切らず、不要枝だけを切り戻すようにする。

サワフタギ

ハイノキ科／落葉低木／開花期:5〜6月

春に白い小花が群がるように枝先につき、株全体が花に覆われたようになる。樹皮は灰褐色で浅く縦に裂けている。秋が深まると美しい藍色の実がひときわ目立つ。自然樹形を保つため、剪定は枝をすく程度に。

リキュウバイ

バラ科／落葉低木／開花期:4〜5月

枝はやや乱れて広がるが、控えめで品がある印象。春に、3〜4cmほどの梅に似た形の白花をたくさん咲かせる。冬場に剪定して樹形を整える。日なた〜半日陰になる、やや湿り気のある場所を好む。

ミツバツツジ

ツツジ科／落葉低木／開花期:4月

幹から多数の枝が分岐し、樹皮は灰褐色を帯びる。ツツジの中では開花期が早く、春に、葉が展開する前に紅紫色の花をたくさん咲かせる。枝先に3枚の葉がつくことからこの名がついた。日なた〜半日陰を好む。

ソシンロウバイ

ロウバイ科／落葉低木／開花期:1〜2月

樹形は良く育てやすい。冬にロウのような半透明の花弁を持つ花が、高貴な香りを漂わせて咲く。日なた〜半日陰で、西日の強い場所は避ける。根元からひこばえがたくさん出たら、2〜3本残してカットする。

シロヤマブキ

バラ科／落葉低木／開花期:4～5月

生長が早く萌芽力があり、樹形は株立ち状になる。春に直径3～4cmの大きさの純白の花を咲かせ、花後に黒いつやのある実をつける。ヤマブキに似ているが、別の樹種。日なた～半日陰を好む。

バイカウツギ

ユキノシタ科／落葉低木／開花期:5～6月

放任しておくと乱れやすい樹形。初夏にウメの花形に似た清楚な香りの良い白花をつける。最近は西欧種の‘ベル・エトワール’(写真)が大人気で、直径4～5cmの花をつける。日なた～半日陰を好む。

ユキヤナギ

バラ科／落葉低木／開花期:3～4月

春に、地際から弓状にしなる枝をのばして、真っ白い小花を穂状に枝いっぱいに咲かせる。生長は早く、こぼれ種でも殖える。日なたを好むが、強い西日は避ける。最近は、ピンク花の種もある。

黄金シモツケ

バラ科／落葉低木／開花期:5～7月

明るいグリーンの葉色とピンクの花色とのコントラストが美しい。コンパクトにまとまり、地植えやコンテナなどさまざまなシーンで利用できる。秋の紅葉も美しい。日なたから半日陰まで強健に育つ。

ヤマアジサイ

アジサイ科／落葉低木／開花期:6～7月

ガクアジサイをやや小さくした樹形と花形で、素朴な印象がある。やや湿り気のある、半日陰を好む。写真は黒姫アジサイで、ヤマアジサイの中でも野趣が強く、性質も丈夫で育てやすい。

コバノズイナ

ユキノシタ科／落葉低木／開花期:5～6月

樹形は株立ちになり自然な趣。初夏にかけて枝先に涼しげな白花を穂状にたくさん咲かせる。薄ピンク種もある。秋の紅葉も美しく鑑賞価値が高い。日なた向きで、強健で育てやすい。

常緑樹

Ever Green Tree

シマトネリコ

モクセイ科／常緑高木／開花期:6〜7月

初夏に白い芳香のある花を咲かせる。つやのある葉は涼しげで明るい印象がある。本来は暖地の樹なので、日当たりが良いところを好み、乾寒風が吹き抜ける場所は避けて植える。生長が早く、大きくなるのでのびすぎる枝などは切り詰める。

ソヨゴ

モチノキ科／常緑高木／開花期:6月

初夏に白い小花が咲く。雌雄異株で秋から冬にかけて、雌株に赤い実がつく。樹名は、葉がそよそよと風にそよぐことから。剪定は込み合った不要枝を切り戻す程度に。耐寒性に優れ、病害虫も少ない。狭いスペースで高さを出したいときに使うと便利。

トキワヤマボウシ

ミズキ科／常緑中木／開花期:6月

葉は、落葉する一般的なヤマボウシより厚みがあり、深い緑色。全体的にはそれほど枝を広げず、スリムに収まる。初夏に白い花をたくさんつけるが、特に‘月光’という品種は、株全体にみっちりと花をつける。秋に赤い実がなり、冬はやや紅葉する。

ヤツデ

ウコギ科／常緑低木／開花期：11～12月

日陰に強い。葉は長い葉柄につき、7～9つに深い切れ込みが入る大きな掌状葉で光沢がある。秋から冬にかけて、球形の散形花序の白い花を円錐状に多数つける。その後、翌年の春に黒く熟す。

ナリヒラヒイラギナンテン

メギ科／常緑低木／開花期：10月

一般的なヒイラギナンテンは、葉の縁がとがって先端がかたくなっているが、この品種は、細くて繊細な雰囲気を持っている。日陰に強く、どんなスタイルの庭でも合わせやすい。秋に黄色い花を咲かせる。

アオキ

ミズキ科／常緑低木／開花期：4～5月

耐陰性が強く、暗い場所でもよく育ち、強健。分厚く光沢がある葉が、つややかに彩ってくれる。より明るさを添えたいときは、斑入りタイプを植えると良い。秋から冬に赤い実が観賞できる。

ビョウヤナギ

オトギリソウ科／半落葉低木／開花期：6～7月

株立ちになり、枝先は垂れ下がる。初夏に、直径5cmほどの大きな黄金色の花を咲かせる。雄しべの花糸は多数に分かれ特徴的。日なた～半日陰を好み、古くから庭木として植えられてきた。

アベリア

スイカズラ科／半落葉低木／開花期：5～10月

細い枝を勢いよくのばし、光沢のある濃緑色の小さい葉を密につける。春から秋に、釣鐘状の白やピンク色の花を咲かせる。寒いところでは、葉を落とすことも。やや花数は減るが半日陰でもよく育つ。

シャクナゲ

ツツジ科／常緑低木／開花期：5～6月

主に春に咲くひらひらとした花は、豪華で気品のある雰囲気。色は白、藤色、ピンク、赤紫などがある。夏の強い日差しや乾燥が苦手なので、西日の当たらないところで育てると良い。なかには高木になるものもある。

下草
Perennial & Annual Plant

ナルコユリ

ユリ科／多年草／開花期:4～5月

主に葉を楽しみ、覆輪の斑入り種もある。春に、茎の節から白い花を下垂して咲かせる。半日陰の水はけの良い場所を好み、丈夫で育てやすい。根が深く張るので、植える場所はよく耕しておく。

スイセン

ヒガンバナ科／球根植物／開花期:11～4月

花姿が特徴的な秋植え球根。花色は白、黄色、オレンジなどがあり、花形は、八重咲きやラッパ咲きなどがある。ニホンズイセンはきゃしゃで香りが良く、冬のうちから咲き、西洋種は華やかで春になってから咲く。

アジュガ

シソ科／多年草／開花期:4～5月

旺盛にほふく枝を出して地面を覆う。やや紫色がかった葉は、シックな印象で、寒さに当たると色に深みを増す。春に青やピンク色の花を咲かせる。斑入り種や、小さい葉の種もある。

宿根リナリア

ゴマノハグサ科／多年草／開花期:4～6月

すらりとした茎に小さな花をたくさんつける。風にそよぐ姿が庭に涼やかさを添えてくれる。花色はピンク、白、紫色などがある。短命な多年草なので、種をまいて株の更新をすると良い。こぼれ種でも自然によく殖える。

ナデシコ類

ナデシコ科／多年草・一年草／開花期:4～6月

ナデシコは、園芸品種や雑種など多くの種類があるが、ほとんどが春に花を咲かせる。花色は白やピンク色が多い。カワラナデシコなどの山野草は楚々とした印象があるが、園芸品種はより華やかな雰囲気がある。

キョウガノコ

バラ科／多年草／開花期:6〜7月

古くから親しまれている園芸植物で、茶花にもよく利用されてきた。草丈70㎝〜1mほどになり、初夏にピンクや白の小花をまとめて咲かせる。夏の強い日差しは避けるようにすると良い。

ユキノシタ

ユキノシタ科／多年草／開花期:5〜6月

湿り気の多い半日陰になるところを好む。丸い葉は、裏面がやや紫色を帯びており、表側は葉脈に沿って白い斑がある。初夏に花茎をのばして多数の花を咲かせる。ランナーを出してよく殖える。

ヒメツルニチニチソウ

キョウチクトウ科／多年草／開花期:4〜7月

日なたから半日陰の環境を好み、ツルをのばしてどんどん広がって殖える。春から初夏に、青や紫、白、ピンクの筒状の花をつける。八重咲きや斑入り種もある。性質は極めて丈夫で育てやすい。

クレマチス

キンポウゲ科／多年草／開花期:4〜10月

品種が多く、花の色形の違いのほか、四季咲き性や一季咲き性などがあり、冬咲きもある。落葉性のものがほとんどだが、常緑性のものも数種類ある。ツル性なので、フェンスなどにからませて育てると良い。

アガパンサス

ユリ科／多年草／開花期:6〜7月

常緑種と落葉種の2タイプがあり、その中間の性質の種もあるので、中間タイプと呼ばれる。非常に強健で育てやすく、毎年、青または白い花を咲かせる。日当たりの良いところを好む。

斑入りノシラン

スズラン科／多年草／開花期:7〜8月

ミスキャンタスや、品種名の‘シルバードラゴン’とも呼ばれる。細長い葉に入る白斑が美しく、草丈30㎝ほどになる。強健で育てやすく、耐陰性もある。根茎をのばして横に広がる。

フッキソウ

ツゲ科／多年草／開花期:4〜5月

葉は厚みがあり、縁にゆるい切れ込みが入る。草丈は20〜30cm。日陰でもよく育つので樹木の下草として使うと良い。春に白くて小さな花を咲かせるが、目立たない。地下茎をのばし、横に広がる。

フロックス

ハナシノブ科／多年草／開花期:6〜10月

夏から秋にかけて、真っすぐ立つ茎先にやや丸い円錐花序に白やピンク、アプリコット色などの花をつける。草丈は60cm〜1mになる。日当たりと風通しの良い場所で育て、乾燥しないように注意する。

ギボウシ

ユリ科／多年草／開花期:7〜8月

みずみずしい葉は、品種によって葉の大きさや斑の入り方は異なるが、小型種で長さ3〜4cm、大型種では30cmほどになる。初夏から夏に、白や薄紫、薄ピンク色の花を咲かせる。やや湿り気のある土壌を好む。

インパチェンス

ツリフネソウ科／一年草／開花期:6〜10月

強い日差しが苦手なので半日陰になる場所を好む。花は、白、赤、ピンク色などがあり、木の株元などをあざやかに彩ってくれる。初夏〜秋までと花期が長く、しっとりとした雰囲気がある。

フウチソウ

イネ科／多年草／開花期:8〜10月

細長い葉が風になびく姿が美しく、古くから庭で愛されてきた。草丈は40〜60cm程度。夏から秋にかけて、茶色い地味な花穂を上げる。明るい黄緑色の葉をもつ黄金フウチソウという種類が人気。

カンスゲ

カヤツリグサ科／多年草／開花期:4〜5月

細長く厚い葉は日差しにも日陰にも強く、植える場所を選ばないので、樹木の下などに数株まとめて植えると良い。草丈40cmほど。早春にすっとした花茎をのばし、ブラシのような形の薄茶色の花をつける。

リグラリア

キク科／多年草／開花期:8〜9月

ツワブキの近縁種で、丸葉の品種や切れ込みの深い品種、黒ずんだ葉色の品種などバリエーション豊か。夏〜秋に、黄色い花を咲かせる。日陰〜半日陰を好み、乾燥を嫌う。

シュウメイギク

キンポウゲ科／多年草／開花期:9〜10月

秋に、白またはピンク色の花（萼《がく》）が楽しめる。花茎が細く、風に吹かれる様子がさわやかな印象。草丈は50cm〜1mになる。地下茎をよくのばして広がる。暑さに弱いので、涼しいところで管理する。

クロコスミア

アヤメ科／球根植物／開花期:6〜8月

剣型の葉が直立し、草丈は40㎝くらいから1mを超えるものもある。夏にすらりとした花茎をのばし、赤や黄、オレンジ色のあざやかな花を20輪ほど咲かせる。繁殖力が旺盛でよく殖える。

クリスマスローズ

キンポウゲ科／多年草／開花期:12〜3月

うつむいて咲く花姿は、可憐で気品が漂う。常緑で冬に花を咲かせるので重宝する。花色は白、ピンク、黄、赤などバラエティー豊か。冬は日なた、夏は日陰になる場所を好むので、落葉樹の下などがぴったり。

ツワブキ

キク科／多年草／開花期:10〜12月

日陰でもよく育ち、常緑なので、古くから庭園の下草などに植えられている。大きく丸い葉は光沢があり、さまざまな斑入りのタイプがある。秋から冬にかけて、10〜30輪の黄色やクリーム色の花を咲かせる。

ヤブラン

ユリ科／多年草／開花期:8〜10月

光沢のある細長い葉をつけ、夏から秋にかけて紫色の小花をたくさんつける。日陰に非常に強いので、樹木の陰になるような場所にも植えられる。数株まとめて群生させると見ごたえが出る。斑入り種もある。

決定版
雑木ガーデンの作り方

2013年10月 8 日　第1刷発行
2021年 8 月30日　第9刷発行

発行人　松井謙介
編集人　長崎 有
編集　尾島信一
発行所　株式会社　ワン・パブリッシング
〒110-0005 台東区上野 3-24-6
印刷所　共同印刷株式会社

●この本に関する各種お問い合わせ先
本の内容については、下記サイトのお問合せフォームよりお願いします。
https://one-publishing.co.jp/contact/

不良品（落丁、乱丁）については業務センター　Tel 0570-092555
〒354-0045 埼玉県入間郡三芳町上富 279-1

在庫・注文については書店専用受注センター Tel0570-000346

ワン・パブリッシングの書籍・雑誌についての新刊情報・詳細情報は、下記をご覧ください。
https://one-publishing.co.jp/

取材協力

エービーデザイン
https://www.ab-design.jp/

木村グリーンガーデナー
https://www.k-gg.jp/

空間創造工房　アトリエ朴
https://atelierboku.net/

グリーンギャラリーガーデンズ
https://gg-gardens.com/

ザ・シーズン世田谷
https://the-season.net/

杉景（Sankei）
https://www.sankei-a-g.com/

石正園
http://sekishoen.jp/

大宏園
https://www.daikouen.co.jp/

筑波ランドスケープ（ソーマガーデン）
https://www.so-ma.net/

トクゾウ
http://tokuzou.jp/

松浦造園
http://www.matsuura-zouen.com/

三橋庭園設計事務所
https://www.mitsuhashi-teien.com/

やまぎわ夢創園
http://uekiyasan.net/

STAFF
企画・編集　吉永達生 小髙優一(以上学研パブリッシング)

編集・制作　エフジー武蔵
チーフ 押田雅博
井上園子 椎野俊行 髙羽千佳 小原佳奈

撮影　今坂雄貴 尾股光司 小川貴史
佐藤晋輔　関根おさむ(以上エフジー武蔵)
高島宏幸

デザイン　木村重子　伊藤亜希子（ライムライト）
野呂篤子（エフジー武蔵）
森 雄大　村﨑和寿

イラスト　長岡伸行